獣医学教育モデル・コア・カリキュラム準拠

コアカリ 産業動物臨床学

コアカリ獣医内科学（産業動物臨床学）編集委員会　編

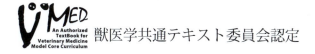
獣医学共通テキスト委員会認定

全体目標

　産業動物臨床の基本事項と特性，産業動物における各種疾患の病態，原因，診断法
および治療法を理解し，疾病予防と生産性の向上に必要な予防法について学ぶ．

＊モデル・コア・カリキュラム内の各到達目標は，すべての獣医学生が卒業時までに必ず習
　得しなければならない学習項目を明示したものですが，【アドバンスト】と記載されてい
　る項目は，CBT によってその学習到達度を測る必要がないもの，またはその後の学習の
　進行の中で学んでも良いものを示します．

　本書のスキャニング，デジタル化等の無断複製は著作権法上で例外を除き禁じられています．本書を代
行業者等の第三者に依頼してスキャニングやデジタル化することは，たとえ個人や家庭内での利用で
あっても著作権法上認められていません．

はじめに

　獣医学教育モデル・コア・カリキュラムは獣医学教育の質保証の目的で策定されたものである．臨床獣医学教育分野では，これまでの獣医内科学，獣医外科学といった診療科目別の分類ではなく，総論と臓器別の各論に加えて，産業動物臨床学や馬臨床学という動物種別の概念が取り入れられた．「産業動物臨床学」の目標は「産業動物臨床の基本事項と特性，産業動物における各種疾患の病態，原因，診断法および治療法を理解し，疾病予防と生産性の向上に必要な予防法について学ぶ」ことであり，内科や外科といった診療科の枠を超え，感染症や衛生学の内容も含めて学ぶ必要がある．

　いっぽう，各大学で実施されている現行の授業カリキュラムは，必ずしもモデル・コア・カリキュラムと一致するものではない．このため，「産業動物臨床学」という科目をカリキュラムの中に設置している大学は多くはなく，内科学や外科学の一部として産業動物の疾患に関する講義が進められているのが現状であろう．この様な状況の中，いよいよ平成29年度からは共用試験が実施される予定であり，各大学においてはモデル・コア・カリキュラムに準拠した学習が必須となっているが，産業動物臨床教育に係る教員が全国的にまだ不足している現状においては，各大学における産業動物教育の内容と質のばらつきが危惧されている．

　本教科書では産業動物の疾患を科目を超えて横断的に網羅しており，また最低限理解しておくべき項目を厳選して，各種疾患の基礎から病態，原因，診断法，治療法，予防法について記載している．各大学の先生方においては，本教科書を活用して，学内での科目間の連絡を密にすることで，産業動物臨床学教育の質の向上に努力していただきたい．また，本教科書を利用する学生の皆様においては，産業動物臨床学の導入として利用していただき，疾患を広く理解するとともに，さらなるアドバンスト学習の基礎として役立ててほしい．

平成28年10月
著者を代表して
猪熊　壽

編集者 〔コアカリ獣医内科学（産業動物臨床学）編集委員会〕

（五十音順・敬称略，＊は編集委員長）

＊猪熊　壽　　　東京大学大学院農学生命科学研究科
　北川　均　　　岐阜大学名誉教授
　小岩政照　　　酪農学園大学名誉教授
　田島誉士　　　酪農学園大学獣医学群獣医学類
　山岸則夫　　　大阪公立大学大学院獣医学研究科

執筆者 （五十音順・敬称略，＊は科目責任者）

＊猪熊　壽　　　東京大学大学院農学生命科学研究科
　小岩政照　　　酪農学園大学名誉教授
　田島誉士　　　酪農学園大学獣医学群獣医学類
　山岸則夫　　　大阪公立大学大学院獣医学研究科

略語一覧

【A】

A/G	albumin/globulin	アルブミン／グロブリン
AF	aflatoxin	アフラトキシン
Alb	albumin	アルブミン
ALP	alkaline phosphatase	アルカリホスファターゼ
APTT	activated partial thromboplastin time	活性化部分トロンボプラスチン時間
ASD	atrial septal defect	心房中隔欠損
AST	aspartate aminotransferase	アスパラギン酸アミノトランスフェラーゼ
ATP	adenosine triphosphate	アデノシン三リン酸
AVAs	arterio-venous anastomoses	動静脈吻合

【B】

BCS	body condition score	ボディコンデションスコア
BHB	β-hydroxybutyric acid	β-ヒドロキシ酪酸
Bil	bilirubin	ビリルビン
BLV	bovine leukemia virus	牛白血病ウイルス
BSE	bovine spongiform encephalopathy	牛海綿状脳症
BSP test	bromsulphalein test	ブロムスルファレイン試験
BUN	blood urea nitrogen	血中尿素窒素
BVD-MD	bovine viral diarrhea-mucosal disease	牛ウイルス性下痢・粘膜病
BVDV	bovine viral diarrhea virus	牛ウイルス性下痢ウイルス

【C】

Ca	calcium	カルシウム
CK	creatine kinase	クレアチンキナーゼ
Cl	chlorine	塩素
CMT	California mastitis test	カリフォルニア乳房炎テスト
CNS	coagulase-negative *Staphylococcus*	コアグラーゼ陰性ブドウ球菌
CO_2	carbon dioxide	二酸化炭素
CRT	capillary refilling time	毛細血管再充満時間
CT	computed tomography	コンピューター断層撮影
CVCT	caudal vena caval thrombosis	後大静脈血栓症

【D】

DCAD	dietary cation-anion difference	飼料中カチオンアニオンバランス
DIC	disseminated intravascular coagulation	播種性血管内凝固
DMI	dry matter intake	乾物摂取量
DNA	deoxyribonucleic acid	デオキシリボ核酸
DON	deoxynivarenol	デオキシニバレノール

【E】

EBL	enzootic bovine leukosis	地方病性牛白血病
ELISA	enzyme-linked immunoadsorbent assay	酵素標識免疫吸着法
ETEC	enterotoxigenic *Escherichia coli*	毒素原性大腸菌
ETEEC	enterotoxemic *Escherichia coli*	腸管毒血症性大腸菌

【F】

FFA	free fatty acids	遊離脂肪酸

【G】

GGT	γ -glutamyl transferase	γ - グルタミルトランスフェラーゼ
Glb	globulin	グロブリン
GOT	glutamic oxaloacetic transaminase	グルタミン酸オキサロ酢酸トランスアミナーゼ
GSH-Px	glutathione peroxidase	グルタチオンペルオキシダーゼ

【H】

Hb	hemoglobin	ヘモグロビン
HBS	hemorrhagic bowel syndrome	出血性腸症候群
Hct	hematocrit	ヘマトクリット

【I】

IBR	infectious bovine rhinotracheitis	牛伝染性鼻気管炎
IgG	immunoglobulin G	免疫グロブリン G
IPV	intrapulmonary percussive ventilator	肺内パーカッションベンチレーター

【K】

K	kalium（ラテン語）	カリウム
KOH	potassium hydroxide	水酸化カリウム

【L】

LDH	lactate dehydrogenase	乳酸脱水素酵素
Lf	lactoferrin	ラクトフェリン
LT	heat-labile enterotoxin	易熱性エンテロトキシン

【M】

Mg	magnesium	マグネシウム
MPT	metabolic profile test	代謝プロファイルテスト
MRI	magnetic resonance imaging	磁気共鳴画像
MUN	milk urea nitrogen	乳中尿素窒素

【N】

Na	natrium（ドイツ語）	ナトリウム
NAG	N-acetyl- β -D-glucosaminidase	N- アセチル - β -D- グルコサミダーゼ
NEFA	nonesterified fatty acids	非エステル化脂肪酸
NSAIDs	nonsteroid anti-inflammatory drugs	非ステロイド性抗炎症薬

【P】

P	phosphorus	リン
PAS	periodic acid-Schiff [stain]	過ヨウ素酸シッフ［染色］
PCR	polymerase chain reaction	ポリメラーゼ連鎖反応
PCV	packed cell volume	血球容積
PDA	patent ductus aerteriosus	動脈管開存
PDD	papillomatous digital dermatitis	乳頭状趾皮膚炎
PED	porcine epidemic diarrhea	豚流行性下痢
PRRS	porcine reproductive and respiratory syndrome	豚繁殖・呼吸障害症候群
PT	prothrombin time	プロトロンビン時間
PTH	parathyroid hormone	副甲状腺ホルモン

【R】

RT-PCR	reverse transcriptase polymerase chain reaction	逆転写酵素ポリメラーゼ連鎖反応

【S】

S	sulfur	イオウ
SA	*Staphylococcus aureus*	黄色ブドウ球菌
SAA	serum amyloid-A	血清アミロイド A
SCC	somatic cell count	体細胞数
ST	heat-stable enterotoxin	耐熱性エンテロトキシン
STEC	Shiga toxin-producing *Escherichia coli*	志賀毒素産生大腸菌

【T】

T-Chol	total cholesterol	総コレステロール
TG	triglyceride	中性脂肪
TGE	transmissible gastroenteritis	伝染性胃腸炎
TSH	thyroid-stimulating hormone	甲状腺刺激ホルモン

【V】

VA	vitamin A	ビタミン A
VD	vitamin D	ビタミン D
VD_3	vitamin D_3	ビタミン D_3
VFA	volatile fatty acid	揮発性脂肪酸
VSD	ventricular septal defect	心室中隔欠損
VTEC	Verotoxin-producing *Esherichia coli*	ベロ毒素産生性大腸菌

【W】

WCS	weak calf syndrome	虚弱子牛症候群

目　次

第1章　循環器疾患 ……………………………………………（猪熊　壽）…1

　1-1　心臓疾患 …………………………………………………………………… 1
　　1. 拡張型心筋症 ……………………………………………………………… 1
　　2. 心内膜炎 …………………………………………………………………… 2
　　3. 創傷性心膜炎 ……………………………………………………………… 3
　　4. 肺性心 ……………………………………………………………………… 4
　1-2　血管疾患 …………………………………………………………………… 5
　　1. 牛の後大静脈血栓症 ……………………………………………………… 5
　1-3　先天性心疾患 ……………………………………………………………… 6
　　1. 心室中隔欠損 ……………………………………………………………… 6
　　2. 心房中隔欠損 ……………………………………………………………… 7
　　3. 動脈管開存 ………………………………………………………………… 7
　　4. ファロー四徴症 …………………………………………………………… 8

第2章　呼吸器疾患 ……………………………………………（猪熊　壽）… 10

　2-1　牛の感染性呼吸器疾患 …………………………………………………… 10
　　1. 鼻　炎 ……………………………………………………………………… 10
　　2. 喉頭炎 ……………………………………………………………………… 10
　　3. 気管炎および気管支炎 …………………………………………………… 11
　　4. 肺　炎 ……………………………………………………………………… 12
　　5. 胸膜炎 ……………………………………………………………………… 14
　2-2　牛の非感染性呼吸器疾患 ………………………………………………… 15
　　1. 鼻出血 ……………………………………………………………………… 15
　　2. 肺水腫 ……………………………………………………………………… 15
　　3. 肺気腫 ……………………………………………………………………… 16
　2-3　豚の感染性呼吸器疾患 …………………………………………………… 17
　　1. 鼻　炎 ……………………………………………………………………… 17
　　2. 喉頭炎, 気管炎 …………………………………………………………… 17
　　3. 気管支炎, 肺炎 …………………………………………………………… 18

第3章　牛の消化器疾患 ………………………………………（小岩政照）… 20

　3-1　口・食道疾患 ……………………………………………………………… 20
　　1. 口蹄疫 ……………………………………………………………………… 20
　　2. 放線菌症 …………………………………………………………………… 20
　　3. アクチノバチルス症（木舌） …………………………………………… 21
　　4. 食道梗塞 …………………………………………………………………… 21
　3-2　前胃疾患 …………………………………………………………………… 21
　　1. 第一胃鼓脹症 ……………………………………………………………… 21
　　2. 第一胃食滞 ………………………………………………………………… 22
　　3. 第一胃アシドーシス ……………………………………………………… 22

目 次　　ix

　　4. 第一胃錯角化症（第一胃パラケラトーシス）……………………… 23
　　5. 創傷性第二胃炎・横隔膜炎 …………………………………………… 23
　　6. 第三胃食滞 ……………………………………………………………… 24
3-3　第四胃疾患 …………………………………………………………………… 24
　　1. 第四胃変位 ……………………………………………………………… 24
　　2. 第四胃捻転 ……………………………………………………………… 25
　　3. 第四胃潰瘍 ……………………………………………………………… 25
　　4. 第四胃食滞・便秘 ……………………………………………………… 26
　　5. 迷走神経性消化不良 …………………………………………………… 26
3-4　感染性腸炎（成牛）………………………………………………………… 27
　　1. サルモネラ症 …………………………………………………………… 27
　　2. ヨーネ病 ………………………………………………………………… 27
　　3. 牛ウイルス性下痢ウイルス感染症 …………………………………… 28
3-5　非感染性腸炎（成牛）……………………………………………………… 28
　　1. 出血性腸症候群 ………………………………………………………… 28
　　2. エンテロトキセミア …………………………………………………… 29
　　3. 盲腸拡張症 ……………………………………………………………… 29
　　4. 脂肪壊死症 ……………………………………………………………… 29
　　5. 腸重責・腸捻転 ………………………………………………………… 30
3-6　飼料性腸炎 …………………………………………………………………… 30
　　1. マイコトキシン中毒 …………………………………………………… 30
3-7　子牛の下痢症 ………………………………………………………………… 31

第4章　豚と羊，山羊の消化器疾患 ………………………………（山岸則夫）… 34
4-1　豚の消化器疾患 ……………………………………………………………… 34
　　1. 胃潰瘍 …………………………………………………………………… 34
　　2. 伝染性胃腸炎 …………………………………………………………… 35
　　3. 豚流行性下痢 …………………………………………………………… 35
　　4. 大腸菌症 ………………………………………………………………… 36
　　5. 豚赤痢 …………………………………………………………………… 37
　　6. コクシジウム症 ………………………………………………………… 38
　　7. 消化管内線虫症 ………………………………………………………… 38
4-2　羊，山羊の消化器疾患【アドバンスト】………………………………… 39
　　1. コクシジウム症 ………………………………………………………… 39
　　2. 消化管内線虫症 ………………………………………………………… 39

第5章　肝臓・胆道・膵臓の疾患 …………………………………（小岩政照）… 42
5-1　肝　炎 ………………………………………………………………………… 42
5-2　脂肪肝 ………………………………………………………………………… 42
5-3　肝膿瘍 ………………………………………………………………………… 43
5-4　その他の肝臓疾患 …………………………………………………………… 44
　　1. 肝線維症 ………………………………………………………………… 44
　　2. 肝蛭症 …………………………………………………………………… 44
5-5　胆道疾患 ……………………………………………………………………… 45

1．胆石症 ··· 45
　　2．胆管炎 ··· 45
　5-6　膵　炎 ··· 46

第6章　泌尿器疾患 ·································（田島誉士）··· 47
　6-1　腎　炎 ··· 47
　　1．腎盂腎炎 ··· 47
　　2．化膿性腎炎 ··· 47
　　3．アミロイドネフローゼ ······································· 48
　6-2　腎不全 ··· 48
　　1．水腎症 ··· 48
　　2．レプトスピラ症 ··· 49
　6-3　膀胱疾患 ··· 49
　　1．膀胱炎 ··· 49
　　2．腫瘍性血尿症（ワラビ中毒） ································· 49
　6-4　尿路疾患 ··· 50
　　1．尿石症 ··· 50

第7章　代謝・栄養性疾患 ·························（山岸則夫）··· 52
　7-1　ミネラル代謝性疾患 ··· 52
　　1．乳　熱 ··· 52
　　2．ダウナー牛症候群 ··· 53
　　3．くる病・骨軟化症 ··· 54
　　4．グラステタニー ··· 55
　　5．輸送テタニー ··· 56
　7-2　糖・脂質代謝疾患 ··· 57
　　1．ケトーシス ··· 57
　　2．羊の妊娠中毒 ··· 59
　　3．肥満牛症候群 ··· 60
　7-3　タンパク質代謝疾患 ··· 60
　　1．低タンパク血症 ··· 60
　　2．高タンパク血症 ··· 60
　　3．アミロイド症 ··· 61
　7-4　ビタミン代謝性疾患 ··· 62
　　1．ビタミンA欠乏症および夜盲症 ······························· 62
　　2．ビタミンA過剰症および牛ハイエナ病 ························· 63
　　3．ビタミンD欠乏症 ··· 64
　　4．ビタミンD過剰症 ··· 64
　　5．ビタミンE欠乏症 ··· 65
　　6．ビタミンK欠乏症 ··· 66
　　7．ビタミンB_1（チアミン）欠乏症 ····························· 66
　7-5　微量元素欠乏症 ··· 67
　　1．鉄欠乏症 ··· 67
　　2．セレン欠乏症 ··· 68

3.	銅欠乏症	…… 68
4.	亜鉛欠乏症	…… 68
5.	ヨウ素欠乏症および甲状腺腫	…… 69
6.	コバルト欠乏症（くわず病）	…… 70
7.	マンガン欠乏症	…… 70

第8章　牛の乳房炎・乳頭疾患 　　　　　　　　　　　　　　　（山岸則夫）… 72

8-1　乳房の解剖と機能 …… 72
  1.　解　剖 …… 72
  2.　機　能 …… 72
8-2　乳房炎のリスク要因と診断・治療法 …… 73
  1.　乳房炎の定義と分類 …… 73
  2.　乳房炎のリスク要因 …… 74
  3.　診　断 …… 75
  4.　治　療 …… 77
8-3　伝染性乳房炎 …… 77
  1.　黄色ブドウ球菌による乳房炎 …… 77
  2.　マイコプラズマによる乳房炎 …… 78
8-4　環境性乳房炎 …… 79
  1.　大腸菌群による乳房炎 …… 79
  2.　環境性レンサ球菌による乳房炎 …… 80
  3.　コアグラーゼ陰性ブドウ球菌による乳房炎 …… 81
  4.　酵母様真菌による乳房炎 …… 81
  5.　藻類による乳房炎 …… 82
8-5　乳房と乳質の異常 …… 83
  1.　乳房浮腫 …… 83
  2.　血乳症 …… 84
  3.　二等乳症 …… 84
8-6　乳頭疾患 …… 85
  1.　乳頭損傷 …… 85
  2.　潰瘍性乳頭炎 …… 86
  3.　副乳頭 …… 86

第9章　皮膚疾患 　　　　　　　　　　　　　　　　　　　　　（田島誉士）… 89

9-1　牛の皮膚疾患 …… 89
  1.　皮膚糸状菌症 …… 89
  2.　寄生性皮膚炎 …… 89
  3.　牛乳頭腫 …… 90
  4.　デルマトフィルス症 …… 90
  5.　牛バエ幼虫症 …… 90
  6.　蕁麻疹 …… 91
  7.　光線過敏症 …… 91
  8.　趾皮膚炎 …… 92
9-2　豚の皮膚疾患 …… 92

1. 豚丹毒	92
2. 滲出性表皮炎（スス病）	93
3. 疥 癬	93
9-3 羊，山羊の皮膚疾患【アドバンスト】	93
1. 伝染性膿疱性皮膚炎	93
2. 疥 癬	94

第10章　血液疾患【アドバンスト】 （田島誉士）… 95

10-1 主な血液疾患	95
1. 貧 血	95
2. タイレリア症（牛）	96
3. バベシア症（牛）	97
4. アナプラズマ症（牛）	97
5. ヘモプラズマ病（牛，羊）	97
6. 細菌性血色素尿症	98
7. 新生子黄疸	98
8. 産褥性血色素尿症	98
9. 鉄欠乏性貧血（豚）	99
10. 牛白血病	99
11. スイートクローバー中毒	100

第11章　中　毒 （田島誉士）… 101

11-1 有毒植物による中毒	101
1. ワラビ中毒（腫瘍性血尿症）	101
2. アルカロイド中毒	101
3. 苦味質中毒	102
4. 蛍光物質中毒	102
5. タマネギ中毒	102
11-2 飼料による中毒	103
1. 硝酸塩中毒	103
2. 青酸中毒	103
3. シュウ酸中毒	103
4. マイコトキシン中毒	104
5. エンドファイト中毒	104
11-3 農薬，化学物質による中毒	105
1. 有機リン酸中毒	105
2. パラコート中毒	105
3. 有機塩素剤中毒	105
4. 殺鼠剤中毒	105
5. 尿素中毒	106
6. 鉛中毒	106
7. 水銀中毒	106
8. モリブテン中毒	106

第 12 章　神経疾患【アドバンスト】 ································· （猪熊　壽）··· 108
12-1　神経症状を示す主な疾患 ····································· 108
1. 日射病・熱射病 ··· 108
2. ビタミン B_1 欠乏症（大脳皮質壊死症）（牛） ················· 109
3. 神経型ケトーシス ··· 109
4. 低カルシウム血症 ··· 109
5. 低マグネシウム血症 ··· 110
6. 伝染性血栓塞栓性髄膜脳炎（ヒストフィルス・ソムニ感染症，ヘモフィルス症）（牛）··· 110
7. リステリア症（牛，山羊） ··································· 111
8. 破傷風 ··· 111
9. ボルナ病 ··· 112
10. 伝達性海綿状脳症（牛海綿状脳症，スクレイピー） ··········· 112
11. 先天性中枢神経異常 ··· 113
12. 腰麻痺（脳脊髄糸状虫症）（山羊，羊） ······················· 114

第 13 章　牛の運動器疾患 ······································· （山岸則夫）··· 116
13-1　肢蹄の基本的解剖と機能 ····································· 116
1. 蹄の構造と機能 ··· 116
2. 跛行の原因と評価法 ··· 117
3. 削蹄の意義と方法 ··· 118
13-2　蹄疾患 ··· 119
1. 蹄葉炎 ··· 119
2. 白帯病（白線病） ··· 121
3. 蹄底潰瘍 ··· 121
4. 趾間皮膚炎 ··· 122
5. 趾間過形成 ··· 123
6. 蹄球びらん ··· 123
7. 趾皮膚炎 ··· 123
13-3　骨・関節疾患 ··· 124
1. 脱　臼 ··· 124
2. 関節炎 ··· 125
3. 飛節周囲炎 ··· 126
4. 牛の肢骨折 ··· 127
13-4　筋・腱・神経疾患 ··· 128
1. 牛の麻痺性筋色素尿症 ······································· 128
2. 白筋症 ··· 129
3. 筋肉の損傷 ··· 129
4. 前十字靱帯断裂 ··· 130
5. 腱断裂 ··· 130
6. 神経麻痺 ··· 131
7. 痙攣性不全麻痺 ··· 131
8. 突　球 ··· 132

第14章　新生子疾患 ………………………………………………………（小岩政照）… 134

14-1　新生子の解剖と生理機能【アドバンスト】………………………………………… 134
　　1.　蘇　生 …………………………………………………………………………… 134
　　2.　臍 ………………………………………………………………………………… 135
　　3.　初　乳 …………………………………………………………………………… 135
　　4.　子豚の貧血 ……………………………………………………………………… 136
14-2　新生子の主要疾病【アドバンスト】………………………………………………… 136
　　1.　臍ヘルニア ……………………………………………………………………… 136
　　2.　先天性腸閉塞症・腸狭窄症（アトレジア）………………………………… 136
　　3.　水頭症 …………………………………………………………………………… 137
　　4.　臍　炎 …………………………………………………………………………… 137
　　5.　尿膜管開存 ……………………………………………………………………… 137
　　6.　新生子仮死 ……………………………………………………………………… 138
　　7.　胎便停滞 ………………………………………………………………………… 138
　　8.　豚サーコウイルス感染症 ……………………………………………………… 139
　　9.　豚の浮腫病 ……………………………………………………………………… 139
14-3　虚弱子牛症候群【アドバンスト】…………………………………………………… 139

第15章　代謝プロファイルテスト ……………………………………（小岩政照）… 141

15-1　代謝プロファイルテストの目的と検査項目【アドバンスト】…………………… 141
　　1.　目　的 …………………………………………………………………………… 141
　　2.　検査項目 ………………………………………………………………………… 141
15-2　乳用牛における代謝プロファイルテスト【アドバンスト】……………………… 142
　　1.　目　的 …………………………………………………………………………… 142
　　2.　検査内容 ………………………………………………………………………… 142
15-3　肉用牛における代謝プロファイルテスト【アドバンスト】……………………… 143
　　1.　目　的 …………………………………………………………………………… 143
　　2.　検査内容 ………………………………………………………………………… 143

第16章　産業動物獣医療における薬物療法の原則 …………………（猪熊　壽）… 145

16-1　動物用医薬品と関わる制度 …………………………………………………………… 145
　　1.　動物用医薬品適正使用に関わる制度 ………………………………………… 145
　　2.　食品への薬剤の残留防止に関する制度 ……………………………………… 146

参考文献 ……………………………………………………………………………………… 149
正答と解説 ………………………………………………………………………………… 150
索　引 ……………………………………………………………………………………… 156

第1章　循環器疾患

一般目標：牛の循環器疾患の病態，原因，症状，診断法，治療法と予防法を理解する．

1-1　心臓疾患

到達目標：心臓疾患の病態，原因，症状，診断法および治療法を説明できる．
キーワード：拡張型心筋症，心内膜炎，創傷性心膜炎，肺性心

1．拡張型心筋症

【病　態】
　心筋の変性により生じた心室収縮力低下と心室腔拡張により，うっ血性心不全となる．

【原　因】
　ホルスタイン種では遺伝的素因の関与が示唆されている．心筋の変性と線維化が起こり心室の収縮力が低下する．

【症　状】
　比較的若齢（2～4歳）で発症することが多い．分娩後に症状が発現することも多い．元気沈衰，乳量減少，運動不耐性，静脈系のうっ血と水腫，冷性浮腫，頚静脈の怒張，頻脈，心音微弱，下痢，胸水または腹水の貯留がみられる．

【診　断】
　若齢牛にうっ血性心不全症状がみられた場合には本症を疑う．聴診では頻脈および心音微弱で，不整が認められることもある．胸水または腹水の貯留により胸腹部の打診で水平濁音界が認められる．なお，胸水・腹水は非炎症性漏出液である．心電図検査では各波形が著しく低電位を示す．また超音波検査にて，心室腔の拡張と心室壁の収縮低下，胸水・腹水の貯留，肝臓のうっ血等の所見がみられる．心筋症では炎症像がみられないため，白血球数，血清タンパク電気泳動像，血漿フィブリノーゲン濃度には変化がない．鑑別診断としては，うっ血性心不全症状を呈する疾患，すなわち心内膜炎，創傷性心膜炎，先天性心奇形，白血病，肺性心等がある．

【治療および予防】
　発症したものについては有効な治療法はなく予後不良である．胸腔穿刺による胸水除去，利尿剤（フロセミド）または強心剤（ジゴキシン）投与が延命のために行われることもある．ホルスタイン種では特定の血統に遺伝的素因が認められるので，交配時に注意が必要である．

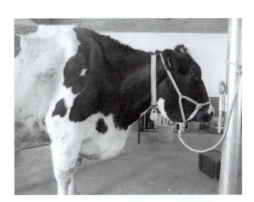

図1-1　下顎および胸垂の冷性浮腫．

2. 心内膜炎

【病　態】

　細菌が心内膜（弁膜表面，腱索，肉柱等）に付着して炎症性変化が生じる疾患であり，牛で多発する．細菌には血小板，フィブリン（線維素）等が付着して血栓となり，腫瘤物（疣贅物）が形成されることが多く，牛の心内膜炎は疣贅性心内膜炎と呼ばれる．

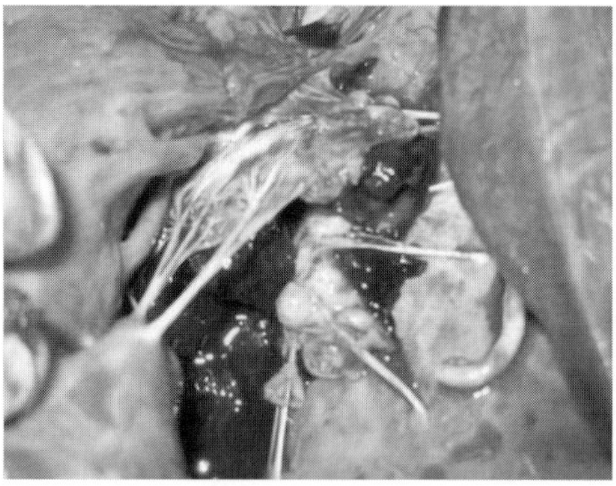

図 1-2　三尖弁に形成された疣贅物.

ⅰ．血液の逆流に起因するうっ血性心不全

　①心内膜（弁膜表面，腱索，肉柱等）に疣贅物が形成されるため，罹患した弁の閉鎖不全が生じる．このため血液の逆流が起こり，うっ血性心不全が認められる．

　②三尖弁：収縮期に右心室から右心房への血液逆流が生じ，右心房に容量・圧負荷がかかる．右心系のうっ血性心不全が生じる．

　③肺動脈弁：拡張期に肺動脈から右心室へ血液が逆流する．右心室の容量・圧負荷は右心房にも波及し，右心系のうっ血性心不全が生じる．

　④僧帽弁：収縮期に左心室から左心房への血液逆流が生じ，左心房に容量・圧負荷がかかる．肺循環がうっ血し，運動不耐性，発咳，呼吸不全等の肺うっ血症状が生じる．進行すると右心にも負荷がかかり，右心系のうっ血性心不全症状も発現する．

　⑤大動脈弁：拡張期に大動脈から左心室へ血液が逆流する．左心室の容量・圧負荷は左心房にも波及し，肺うっ血が生じる．全身循環の駆出血液量減少ともあいまって，運動不耐性がみられる．

ⅱ．炎　症

　本症は全身性細菌感染症であり，炎症像を示すことが特徴である．発熱，全身状態の低下，各種検査で炎症を示唆する所見がみられる．

【原　因】

　牛の心内膜炎の原因菌としては *Arcanobacterium pyogenes*（*Actinomyces pyogenes*）と *Streptococcus* spp.（溶血性レンサ球菌）が多い．細菌の由来としては，牛では心臓とは別の部位の感染 - 乳房炎，子宮炎，関節炎，肝膿瘍，肺炎等から血行性に播種される．このため右心系（三尖弁，肺動脈弁）における心内膜炎が多いが，左心系（僧帽弁，大動脈弁）に形成されることもある．細菌を含む疣贅物は剥離して血行性に播種し，肺炎，腎炎，関節炎を生じる．特に左心系の心内膜炎では全身に播種しやすい．

　豚の心内膜炎は豚丹毒の一症状として，と殺時に発見されることがあり，左心系に多発するが，そのほか，*Streptococcus* spp.，*A. pyogenes*，*Mycoplasma hyosynoviae* が起因菌として知られる．

【症　状】

　発熱，食欲不振ないし廃絶，元気消失（運動不耐性），体重減少，乳量減少等が主訴として認められる．うっ血性心不全の症状として，頚静脈の怒張・拍動，全身性の冷性浮腫，胸水・腹水の貯留がみられる．また，基礎疾患あるいは併発症として乳房炎，子宮炎，関節炎，肝膿瘍，肺炎，腎炎等がある場合，それぞれの症状（肺炎：発咳，関節炎：跛行・関節腫脹，腎炎：血尿・膿尿等）も発現する．

【診断】

発熱，食欲不振ないし廃絶，元気消失（運動不耐性），うっ血性心不全症状，併発する炎症性疾患の病歴（乳房炎，子宮炎，関節炎，肺炎等）から本症を疑う．ただし，すでに抗菌薬の投与が行われている場合等，発熱を認めない症例もあることに注意する．

聴診では頻脈（100 回/分以上）と心音強盛が著明であり，胸壁における心音界拡大を認めることがある．心雑音（収縮期雑音ないし拡張期雑音）を聴取することが多いが，聴取されない症例もある．不整脈を認めることもある．心雑音が心雑音の最強点を聴取できる部位により罹患した弁膜を推測できる．

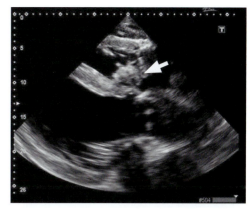

図 1-3 三尖弁に形成された疣贅物（矢印）．

血液および血液生化学検査では，左方移動を伴う好中球増多症，A/G 比の低下，γ-グロブリンの著増，二峰性 α-グロブリン等の炎症像を証明する．また，うっ血により肝酵素が上昇する．

心電図では，一般に QRS 波の増高が認められるが，胸水貯留が著しい場合には低電位を示す．心室性期外収縮をみる例もある．断層心エコー検査により，心腔内の疣贅物を確認できれば確定診断となる．

【鑑別診断】

うっ血性心不全を呈する疾患として創傷性心膜炎および拡張型心筋症との鑑別が必要である．また，併発する慢性化膿性疾患の存在に注意する．

【治療】

抗菌薬投与で延命が図られるが，治癒は困難である．

3．創傷性心膜炎

【病態】

損傷を受けた心膜では，炎症性変化が進行し，心膜の肥厚，心膜腔内への炎症性浸出液の貯留がみられる．炎症性浸出液は増量し，フィブリンの析出を伴って凝固することも多く，絨毛心を形成する（図 1-4）．

浸出液が細菌を含み，化膿性の性質を有することもある．心膜肥厚および心膜腔内への炎症性浸出液の貯留による圧迫のため心臓は拡張障害を生じ，うっ血性心不全となる．

【原因】

心膜炎のうち外傷により生じるもので，牛に多発する．牛では異嗜または飼料への混入による先鋭異物（釘や針金等の金属異物，またはガラス等の非金属）の誤嚥が原因となる．誤嚥された先鋭異物は第二胃を穿孔し，第二胃炎，腹膜炎，横隔膜炎を生じるほか，横隔膜をも穿孔する．本症は，この先鋭異物により心外膜が直接損傷されて，あるいは胸膜炎からの継発により発生する．

【症状】

一般に食欲不振〜廃絶，元気消失，発熱，体重減少・削

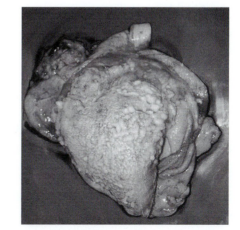

図 1-4 絨毛心．

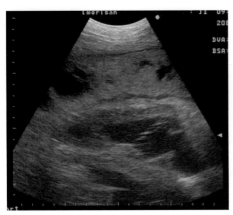

図 1-5 心膜炎のエコー所見．心膜への滲出液貯留およびフィブリン析出．

痩，乳量減少等が主訴となる．急性期には発熱がみられるが，慢性期では必ずしも発熱はない．うっ血性心不全の症状として，頸静脈の怒張・拍動，下顎・胸垂の冷性浮腫，CRT 延長，チアノーゼを呈する．

症状は炎症の範囲と程度により異なる．炎症が心周囲に限局する場合には，全身状態の悪化をみないこともあるが，第二胃炎，腹膜炎，横隔膜炎，胸膜炎等を併発するものでは，元気食欲等の一般状態は悪い．

【診　断】

経過病歴，循環器症状を中心とした症状，および身体検査所見から本症を疑う．

聴診では心拍数の増加が認められる．心腔内に浸出液が増量し，細菌増殖によりガスが産生されるため，拍水音が聴取されることもある．浸出液とフィブリン析出の増量が著しいと心音の聴取が困難になる．

血液および血液生化学検査では，左方移動を伴う好中球増多症，A/G 比の低下，γ-グロブリンの増加等の炎症像がみられる．うっ血により肝酵素が上昇する．

心電図では，一般に QRS 波の低電位と ST 部の増高または下降がみられる．

断層心エコー検査では，心膜腔拡張，滲出液貯留，フィブリン析出，心室壁の肥厚等の所見が確定診断に有用である．

【鑑別診断】

うっ血性心不全を呈する疾患として心内膜炎および拡張型心筋症との鑑別が必要である．また，併発する慢性化膿性疾患として，創傷性第二胃炎，横隔膜炎，腹膜炎，胸膜炎の存在に注意する．

【治　療】

多くの症例では治癒は困難である．

【予　防】

先鋭異物，特に金属異物の飼料への混入予防に留意する．金属異物を第二胃内で捕捉するためのマグネットを経口的に投与する方法も有効である．

4．肺性心

【病　態】

肺の基礎疾患により，肺循環の抵抗性が慢性的に増大することにより，右心室に負荷がかかり，右心系のうっ血性心不全症状が発現する．

【原　因】

肺循環の抵抗性を増大させる基礎疾患として，各種肺炎，肺気腫，肺虫症，後大静脈血栓塞栓症等が原因となる．

【症　状】

食欲不振〜廃絶，元気消失，体重減少・削痩，乳量減少等が主訴となる．右心系のうっ血性心不全症状として，頸静脈の怒張・拍動，冷性浮腫，CRT 延長がみられる．また，基礎疾患として存在する肺疾患により，咳，喀痰，呼吸困難，チアノーゼ，運動不耐性もみられる．

【診　断】

基礎疾患の診断が先行する．慢性の呼吸器疾患の症例では常に本症を考慮するべきである．また，本症の診断では，他のうっ血性心不全を呈する疾患として心内膜炎，創傷性心膜炎，拡張型心筋症等を除外する必要がある．

血液および血液生化学検査所見は，基礎疾患により一定ではない．

心電図では，肺性P波の出現がみられる．

断層心エコー検査は，他の心臓疾患との鑑別に有用である．

【治　療】

基礎疾患としての呼吸器疾患治療を実施する．対症療法としてうっ血性心不全の治療を実施する．

1-2　血管疾患

> 到達目標：血管疾患の病態，原因，症状，診断法および治療法を説明できる．
> キーワード：後大静脈血栓症，血栓症，肺梗塞

1．牛の後大静脈血栓症

【病態および原因】

後大静脈内の血栓が剥離して右心経由で肺動脈に至り塞栓を生じること（血栓症）が牛の後大静脈血栓症（caudal vena caval thrombosis, CVCT）の原因である．病変部からは *Fusobacterium necrophorum*，*Arcanobacterium pyogenes*，*Staphylococcus* 属の細菌が分離されることが多く，原因菌としての関与が示唆されている．なお，後大静脈内での血栓形成の原因としては肝膿瘍が多く，肝膿瘍形成要因としては濃厚飼料多給によるルーメンアシドーシスがあげられる．

肺動脈に生じた塞栓は細菌を含むため，肺動脈炎，肺梗塞，肺膿瘍，肺炎を引き起こす．さらに，肺動脈内には肺動脈瘤が形成されることもあり，破綻すると多量の気管支内出血・肺出血が生じる．また後大静脈内の血栓により，静脈血流がうっ滞する．

【症　状】

呼吸器症状，鼻出血，喀血のほか，食欲不振〜廃絶，元気消失，体重減少・削痩，乳量減少等が主訴となる．

呼吸器症状としては，発咳，呼吸速迫，呼吸困難がみられる．鼻出血・喀血は通常は長期にわたり少量または大量にみられるが，急激な肺動脈瘤の破綻により突然大量の出血をみて死亡することもある（甚急性）．また，出血により貧血がみられる．鼻出血・喀血を嚥下することで黒色便の排出がみられることもある．

後大静脈内の血栓により静脈血流がうっ滞するため，腹水貯留，腸管水腫による下痢がみられる症例もある．また，慢性肺性心によるうっ血性心不全症状として，頚静脈怒張，冷性浮腫がみられることもある．

【診　断】

臨床症状，特に呼吸器症状に鼻出血・喀血，貧血がある場合には本症が疑われる．ただし，鼻出血または喀血は，本症に特徴的な症状であるが，必ずしも必発ではない．

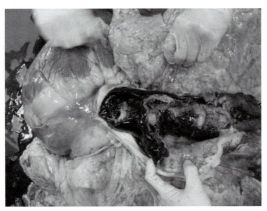
図 1-6 後大静脈に形成された大型の血栓.

聴診では湿性ラッセル音が広範に聴取される.
血液および血液生化学検査では，左方移動を伴う好中球増多，A/G 比の低下，γ-グロブリンの増加等の炎症像がみられる．うっ血により肝酵素が上昇する．

超音波検査では，肝臓の腫大，肝臓から腎臓にかけての後大静脈，肝静脈，門脈の拡張が確認できる．静脈内に血栓が描出できれば本症が確定診断できるが，血栓は通常横隔膜付近に形成されるため，描出できないことも多い．血栓は右心房ないし右心室内に検出されることもある．

【鑑別診断】
呼吸器症状を呈する疾患として，各種肺炎，肺膿瘍，肺動脈内膜炎等，鼻出血を呈する疾患として，出血性素因，また，うっ血性心不全症状を呈する疾患として，心内膜炎や拡張型心筋症を鑑別する．特に心内膜炎では，細菌性血栓が剥離して肺動脈に栓塞すると本症と同様の病態となる．

【治　療】
治療法はない．

【予　防】
本症の原因となる肝膿瘍の予防として，飼養管理としてルーメンアシドーシスの予防を図る．

1-3　先天性心疾患

> 到達目標：先天性心疾患（心奇形）の病態，原因，症状および診断法を説明できる．
> キーワード：心室中隔欠損，心房中隔欠損，動脈管開存，ファロー四徴症

【原　因】
先天性心疾患は胎生期の発生異常により生じるが，明確な原因は不明である．

1. 心室中隔欠損

【病　態】
牛の**心室中隔欠損**（ventricular septal defect，VSD）では，高位心室中隔欠損が多発する．初期は心収縮時に欠損孔を通じ左室から右室への血流が生じる．左心には容量負荷がかかり，次第に左室が拡大する．また右室への負荷も増加し，肺動脈への血液還流量が増加するに従い，肺動脈血管抵抗が増加する．増加した肺動脈圧と右心室圧が左心室圧を超えると，静脈血流は右心室から左心室を通じて全身に循環し，チアノーゼ，運動不耐性がみられる（アイゼンメンガー症候群）．また赤血球増多症が生じることもある．この時右心室への容量負荷も増大し，右心室拡大が生じる．病態は欠損孔の大きさ，短絡路と方向により異なる．

【原　因】
心室中隔の膜様部，心内膜床および心臓球の融合過程が障害されることによる．

【症　状】

軽度な場合では無症状で臨床的に問題とならない．チアノーゼ，運動不耐性，失神，赤血球増多症がみられるほか，発育不良，乳量減少により発症に気づかれることも多い．

【診　断】

まず，若齢期での症状発現から本病を疑う．聴診により胸壁の振戦を伴った粗大な収縮期雑音が聴取される．断層心エコー検査により欠損孔が証明される．

【治　療】

産業動物では治療は行われない．

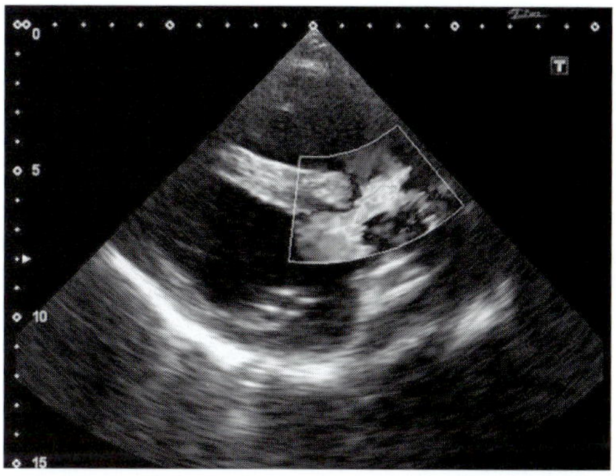

図 1-7　心室中隔欠損孔を左心室から右心室側へ流れる血流．

2．心房中隔欠損

【病　態】

心房中隔欠損（atrial septal defect，ASD）では，左心房から右心房への血流が生じ，右心系に容量負荷がかかる．右心房圧が上昇して，左心房圧を超えると，血流は右左逆転し，静脈血が左心系を通じて全身に循環し，チアノーゼ，運動不耐性が生じる．

【原　因】

一次中隔が心内膜床に達しない（一次口欠損），卵円孔閉鎖不全（卵円孔開存），または一次中隔の欠損（卵円窩欠損）による．

【症　状】

軽度な場合では無症状で臨床的に問題とならない．チアノーゼ，運動不耐性がみられるほか，発育不良，乳量減少により発症に気づかれることも多い．

【診　断】

肺動脈弁領域を最強点とする収縮期雑音が聴取される．断層心エコー検査により欠損孔を証明することで診断できる．

【治　療】

産業動物では治療は行われない．

3．動脈管開存

【病　態】

動脈管開存（patent ductus arteriosus，PDA）では，初期には収縮期・拡張期ともに，大動脈圧が肺動脈圧を上回り，大動脈→肺動脈（左 - 右）短絡による連続性雑音が聴取される．肺への血液流入量が増加するため肺動脈は拡張する．次第に左心室への容量負荷が上昇し左心室が拡大する．いっぽう肺の血管抵抗性も次第に上昇し，肺動脈圧が大動脈圧を上回ると，肺動脈→大動脈（右 - 左）短絡が生じ，静脈血が左心系を通じて全身に循環し，チアノーゼ，運動不耐性が生じる．

【原　因】

動脈管は胎生期の肺血流を抑制するための構造で，通常は生後 2 ～ 3 日のうちに閉鎖するが，何ら

かの原因で開存したままになることがある．遺伝性の PDA は，組織的異常により生じる．

【症　状】

初期には無症状で臨床的に問題とならない．チアノーゼ，運動不耐性，赤血球増加症がみられる．

【診　断】

特徴的な連続性雑音によって疑われる．断層心エコー検査により異常血流を証明できる場合がある．

【治　療】

産業動物では治療は行われない．

4. ファロー四徴症

【病態および原因】

①肺動脈狭窄＋②大動脈騎乗＋③心室中隔欠損＋④右心室肥大の四徴候がみられる場合がファロー四徴症と定義されている．さらに心房中隔欠損が合併するとファロー五徴という．なお，右心室肥大は他の先天異常による二次的な変化である．病態に一番影響を及ぼすのが肺動脈の狭窄程度であり，それにより重症度が異なる．肺動脈狭窄により，右心室から肺動脈への血液の駆出が障害されるため，右心室負荷が増大し，静脈血が左心室へ流入し，全身を還流することでチアノーゼ，運動不耐性等が出現する．

【症　状】

チアノーゼ，運動不耐性，赤血球増加症がみられる．

【診　断】

若齢期での症状発現および肺動脈弁口部に最強点をもつ収縮期駆出性雑音の存在から本病を疑う．ただし，狭窄が重度過ぎると，症状は重度になるものの肺動脈血流が少なくなり雑音が小さくなる．また，心室中隔欠損のため，全収縮期雑音が強く聴取される場合もある．断層心エコー検査により肺動脈狭窄，VSD，騎乗，右心室肥大を証明することで診断できる．

【治　療】

治療は行われない．

《演習問題》（「正答と解説」は 150 頁）

問 1. 牛の心内膜炎についての記述のうち，<u>誤っている</u>ものはどれか．
　a. 乳房炎，子宮炎，関節炎，肝膿瘍，肺炎等から血行性に播種されることが原因となる．
　b. 僧帽弁または大動脈弁に多発する．
　c. 一般状態の低下の他，頚静脈怒張・拍動，冷性浮腫，胸水・腹水の貯留がみられる．
　d. 頻脈，心音強勢，心雑音を認めることが多い．
　e. 完治は困難である．

問 2. 牛の創傷性心膜炎についての記述のうち，正しいものはどれか．
　a. 重篤な肺炎から継発することが多い．
　b. 血液および血液生化学検査で炎症像が認められることはない．
　c. 一般状態の低下の他，頚静脈怒張・拍動，冷性浮腫，胸水・腹水の貯留がみられる．
　d. 断層心エコー検査で疣贅物がみられる．
　e. ルーメンアシドーシスにならない飼養管理が予防法となる．

問 3. 牛の後大静脈血栓症についての記述のうち，正しいものはどれか．

a. 心筋症による血液滞留により生じた血栓が原因である.

b. うっ血性心不全が主な症状であり,呼吸器系の症状はみられない.

c. 突然の鼻出血や喀血がみられることがある.

d. 確定診断には心電図検査が必要である.

e. 血栓溶解剤により治癒する.

第2章 呼吸器疾患

一般目標：牛と豚の呼吸器疾患の病態，原因，症状，診断法，治療法および予防法を理解する.

2-1 牛の感染性呼吸器疾患

到達目標：牛の感染性呼吸器疾患の病態，原因，症状，診断法，治療法および予防法を説明できる.
キーワード：鼻炎，喉頭炎，気管炎，気管支炎，肺炎，胸膜炎

1. 鼻 炎

【病 態】

刺激により鼻粘膜が炎症を起こし，急性には漿液の排出を，また慢性経過では膿性の分泌物が生じる. 涙管が閉塞し，流涙および眼脂が認められる. さらに慢性化すると鼻粘膜の腫脹・肥厚により，気道が閉塞する. 上部または下部呼吸器感染症の一症状として生じることもある.

【原 因】

感染因子（ウイルス，細菌，真菌），またはその他の因子（化学物質，異物，アレルギー等）による鼻粘膜への刺激が原因となる.

【症 状】

急性では漿液性の無色透明鼻汁が排泄される.

慢性では白色ないし滞黄色混濁粘性鼻汁がみられる. 流涙，眼脂，開口呼吸，鼻閉塞音が認められる.

鼻炎（rhinitis）だけの場合には一般状態の変化はみられない.

【診 断】

症状から疑う. 微生物学検査により，原因因子の特定ができる場合がある. 一般状態が悪い場合には，鼻炎だけでなく，下部気道疾患の可能性を考慮する.

【治 療】

抗菌薬および抗炎症剤の投与.

【予 防】

飼育環境の改善，蔓延防止対策.

2. 喉頭炎

喉頭炎（laryngitis）は上部気道の炎症性疾患の一部として発生する.

【病 態】

喉頭の炎症により腫脹，充血，疼痛が生じ，発咳，気道狭窄，嚥下困難等の症状が発現する. 上部または下部呼吸器感染症の一症状として生じることもある.

【原　因】

　感染因子（ウイルス，細菌，真菌），またはその他の因子（寒冷刺激，化学物質，異物，医原性，アレルギー等）による喉頭への刺激が原因となる．感染性因子としては，牛では，ウイルス〔牛伝染性鼻気管炎（IBR）ウイルス〕，細菌〔*Fusobacterium necrophorum*, *Arcanobacterium pyogenes*, *Actinobacillus* spp., *Histophilus somni*（旧 *Haemophilus somnus*）〕，真菌．

【症　状】

　主症状は発咳である．炎症浸出液が多い場合には発咳とともに粘性フィブリン（線維素）の排出をみることがあり，咳は湿性である．喉頭の腫脹による気道狭窄のため，気道狭窄音，喘鳴音，吸気性呼吸困難，開口呼吸がみられる．疼痛のため嚥下困難，流涎，食欲減退が生じる．感染性の場合には発熱および周辺リンパ節（咽頭後リンパ節等）腫大を伴うことがある．

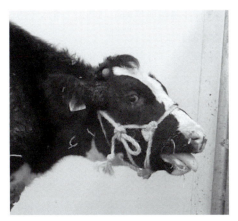

図 2-1　喉頭炎．発咳．

【診　断】

　症状から本症を強く疑うことができる．触診により，喉頭周囲組織の腫大・疼痛，周辺リンパ節腫大，咳の誘発をみることがある．聴診により明瞭なラッセル音（連続性ラッセル），喘鳴音が聴取される．開口器，喉頭鏡または内視鏡により，喉頭病変を直接確認することができる．常に下部気道感染症として，気管・気管支炎，肺炎の併発を考慮する．また，嚥下障害が強い場合には，異物の可能性を考慮する．微生物学検査により，原因因子の特定ができる場合がある．

【治　療】

　考えられる原因を除去するとともに，抗菌薬および非ステロイド性抗炎症薬（NSAIDs）を投与する．呼吸困難時には，ステロイド投与による喉頭浮腫の軽減，あるいは気管切開が必要となる．喉頭膿瘍を形成した場合には予後不良である．

3．気管炎および気管支炎

【病　態】

　炎症により気管から気管支内の粘液分泌が亢進，またはフィブリンが析出することにより，発咳，鼻漏，呼吸促迫，呼吸困難等の症状が発現する．一般に気管・気管支の炎症は喉頭および鼻にも及んでおり，肺炎への継発も多い．

【原　因】

　感染因子（ウイルス，細菌，マイコプラズマ，真菌），またはその他の因子〔寒冷刺激，化学物質，異物（塵芥）等〕による気管・気管支への刺激が原因となり，**気管炎**（tracheitis）および**気管支炎**（bronchitis）が起こる．牛の感染性因子としては，ウイルス（牛伝染性鼻気管炎ウイルス，パラインフルエンザウイルス3型，牛RSウイルス），細菌〔*Pasturella* spp., *Histophilus somni*（旧 *Haemophilus somnus*），マイコプラズマ〕，真菌等．

【症　状】

　一般状態の低下，発熱および発咳が特徴的である．咳は初期に乾咳で，分泌物の増加とともに湿性の咳になる．呼吸数の増加（40〜50/分）ないし呼吸困難がみられる．鼻汁は水溶性〜粘液性である．

併発する喉頭炎および肺炎の症状をみることも多い．

【診　断】

発熱，咳，運動による呼吸数の増加〜呼吸困難所見から疑う．聴診ではラッセル音，喘鳴音を聴取できる．進行した症例では肺炎との鑑別が困難となる．

【治療および予防】

考えられる原因を除去するとともに，抗菌薬を投与する．必要に応じて解熱剤および去痰剤の投与を行う．飼育環境の改善および蔓延防止対策として罹患動物を隔離する．

4. 肺　炎

【病　態】

各種ストレス（輸送，飼養環境の急変，過密，寒冷・高温）は，気道の防御機構を減弱させるため，肺炎（pneumonia）発症の誘因となる．病原体の直接的な侵入，または細菌の二次感染により発症する．気管支炎からの継発も多い（気管支肺炎）．

【原　因】

感染因子（ウイルス，細菌，マイコプラズマ，真菌，寄生虫），またはその他の因子〔化学物質，異物（ホコリ，誤嚥），アレルギー等〕が原因となる．

牛の感染性因子としては，ウイルス（牛伝染性鼻気管炎ウイルス，パラインフルエンザウイルス3型，牛RSウイルス，牛アデノウイルス，牛ライノウイルス等），細菌〔マイコプラズマ（*Mycoplasma bovis*, *M. dispar*, *M.mycoides* 等），*Pasturella multocida* およびその他の *Pasturella* spp.，*Mannheimia haemolytica*, *Histophilus somni*, *Archanobacterium pyogenes*, *Escherichia coli*, *Streptococcus* spp.，*Staphylococcus* spp. 等〕，真菌（*Aspergillus fumigatus* 等），寄生虫〔牛肺虫（*Dictyocaulus viviparous*），糸状肺虫（*D. filarial*）等〕．

病原因子単独の感染による場合もあるが，実際には混合感染，特にウイルスと細菌との混合感染が多い．

【症　状】

全身症状として，元気消失，食欲不振および発熱（40℃以上）がみられる．呼吸器症状として，発咳，鼻汁，呼吸促迫，呼吸困難（努力呼吸，開口呼吸，舌の露出）が発現する．

主な病原体ごとの症状の特徴は表2-1のようにまとめられる．

【診　断】

発咳，鼻汁，呼吸促迫，呼吸困難等の特徴的な症状，および一般状態の悪化，発熱等の全身症状から本症を診断できる．

聴診では，肺胞音増強，ラッセル音（病勢により湿性または乾性）が聴取される．すでに症状が進行し，肺の含気性が低下してしまった場合，聴診では異常が検出できないことに注意する．胸部の打診により，病変部の濁音と周辺部の鼓音が認められることがある．通常含気した肺は超音波検査が不可能であるが，含気性が消失した肺は描出

図2-2　化膿性気管支肺炎．削痩，開口呼吸，起立不能．

第 2 章　呼吸器疾患　　13

表 2-1　牛の肺炎：主な病原体ごとの症状

病原体		症状	備考
ウイルス	牛流行熱ウイルス	発熱，呼吸器症状，関節痛	牛流行熱は届出伝染病
	牛伝染性鼻気管炎ウイルス	発熱，呼吸器症状．鼻鏡と鼻粘膜の充血と痂皮形成，角結膜炎が特徴	牛伝染性鼻気管炎は届出伝染病
	牛 RS ウイルス	発熱，呼吸器症状，間質性肺気腫	
	パラインフルエンザウイルス 3 型（PI-3）	発熱，呼吸器症状	
	牛アデノウイルス	発熱，腸炎，呼吸器症状	
	牛ライノウイルス	鼻炎，間質性肺炎	
細　菌	*Pasteurella multocida*	発熱，流涎，呼吸困難等	法定伝染病である出血性敗血症の原因菌は同じ *P. multocida* の血清型 B2，E2 である
	Mannheimia haemolytica	上部気道〜肺の炎症	
	Haemophilus somnus	発熱，神経症状，敗血症，流産等	
	Staphylococcus	日和見的に諸症状をきたす	
	Streptococcus	敗血症	
	Escherichia coli 等	下痢，時に敗血症	
	マイコプラズマ		多頭飼育の子牛で多発することが多い
寄生虫	牛肺虫	放牧牛の呼吸器症状	

される．

　血液および血液生化学検査では，好中球増加を伴う白血球数の増加，好中球核の左方移動，血液濃縮（PCV 増加），炎症像（A/G 比の減少，α-グロブリンまたは γ-グロブリンの増加）がみられる．なお，肺炎では動脈血の色調は暗赤色で，pH 低下，酸素分圧の低下，二酸化炭素分圧の上昇がみられる．

　鼻腔または咽喉頭ぬぐい液，あるいは気管支肺洗浄液の細菌学的検査を実施し，病原体の特定と細菌の抗菌薬感受性を確認することが治療および農場全体の対策のために重要となる．

【治　療】

　誘因であるストレス因子を除去するとともに，抗菌薬を投与し，細菌感染症を制御する．抗菌薬選択にあたっては細菌培養と感受性試験の結果に基づくことが望ましいが，実際には細菌学的検査前に投与される抗菌薬として，β ラクタム系（ペニシリン系，セフェム系），アミノ配糖体系（カナマイシン，ストレプトマイシン），マクロライド系（タイロシン），ニューマクロライド系（チルミコシン），テトラサイクリン系（オキシテトラサイクリン），ニューキノロン系（エンロフロキサシン）が用いられる．抗菌薬の併用療法も用いられる．なお，マイコプラズマは細胞内寄生なのでマクロライド系，ニューマクロライド系，テトラサイクリン系，ニューキノロン系が有効である．

　なお，肺虫症の治療にはイベルメクチン，レバミゾール，フェンベンダゾールが用いられる．

　その他，抗炎症の目的でステロイド剤（初期に短期のみ），支持療法として，気管支拡張剤，鎮咳剤，去痰剤，輸液等が用いられる．

【予　防】

　本症の誘因となるストレスを避けること．素牛導入時のワクチン接種および抗菌薬投与が有効な場合もある．

現在，国内では以下のワクチンが利用できる．

牛流行熱/イバラキ病混合不活化ワクチン，IBRワクチン，RSワクチン，3種混合生ワクチン（IBR/BVD/PI），4種混合生ワクチン（IBR/BVD/PI3/RS），5種混合生ワクチン（IBR/BVD/PI3/RS/AD7），マンヘミア（パスツレラ）ヘモリチカ（1型）ワクチン，パスツレラ/マンヘミア/ヒストフィルス（ヘモフィルス）混合ワクチン．

5．胸膜炎

【病　態】

胸膜に生じる炎症のため，胸腔内に浸出液貯留またはフィブリン析出が生じ，胸壁と肺の癒着が起こる．このため，呼吸器症状，胸痛，発熱等の症状が発現する．また，呼吸時に癒着部が伸展することにより，特徴的な胸膜摩擦音が発生する．

【原　因】

胸膜炎（pleuritis）の原因としては，胸壁の外傷（胸腔への穿孔）により原発性に，あるいは肺炎・創傷性心膜炎，腹膜炎，子宮内膜炎，乳房炎，敗血症等の細菌感染症から継発して発生する．継発性胸膜炎，特に重篤な肺炎に継発する症例が多い．原因菌としては肺炎の原因菌と同じく，*Pasturella multocida*, *Mannheimia haemolytica*, *Haemophilus somnus*, *Staphylococcus*, *Streptococcus*, *E. coli*, マイコプラズマが原因となる．

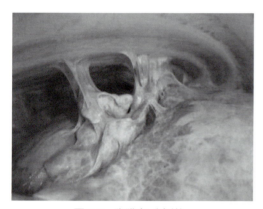

図 2-3　胸膜炎（癒着）．

【症　状】

発熱，呼吸数増加（浅速呼吸），吸気性呼吸困難，開口呼吸等がみられ，元気食欲は減退し，痛みのため体動を嫌う．発咳は痛みのため少ない．また，併発症や基礎疾患の症状もみられる．

【診　断】

病歴，併発症，症状から胸膜炎の存在を疑う．胸部打診による疼痛または水平濁音の確認，聴診による胸膜摩擦音（雪踏音）の聴取は本症の特徴的所見であり，診断に有用である．胸水の存在は超音波検査でも確認できる．

血液および血液生化学検査では，好中球増加を伴う白血球数の増加，好中球核の左方移動，炎症像（A/G比の減少，α-グロブリンまたはγ-グロブリンの増加）がみられる．

胸水性状を解析することで，漏出液，乳び胸等との鑑別ができる．また，胸水の細菌学的検査を実施し，病原体の特定と細菌の抗菌薬感受性を確認する．

【治　療】

抗菌薬を投与し，細菌感染症を制御する．胸水による呼吸困難症例では胸腔穿刺により滲出液の吸引排除および抗菌薬注入を実施する．広範な胸膜炎では予後は不良である．

第 2 章　呼吸器疾患　　15

2-2　牛の非感染性呼吸器疾患

> **到達目標**：牛の非感染性呼吸器疾患の病態，原因，症状，診断法，治療法および予防法を説明
> 　　　　　できる．
> **キーワード**：鼻出血，肺水腫，肺気腫

1. 鼻出血

【病　態】

　原因と出血部位により，出血の量，性状が異なる．

【原　因】

　物理的原因：外傷，異物，腫瘍，医原性等．

　出血性素因：血小板減少症，播種性血管内凝固（DIC），ワラビ中毒，遺伝性疾患（凝固因子欠乏症），チェディアック・東症候群，肝疾患等．

　肺の血管の破綻：牛の後大静脈血栓症，化膿性肺炎等．

【症　状】

　片側性または両側性の鼻腔からの出血．鼻腔，副鼻腔からの出血であれば片側性で量は比較的少ない．全身性の原因であれば両側性の出血であり，特に肺の血管破綻の場合には鮮赤色の血液が多量に排出され，喀血をみることもある．腫瘍や異物では少量の出血が持続する．

【診　断】

　鼻出血そのものは主訴としても明らかなので原因を鑑別する．鼻出血の性状（経過，出血量，出血した血液の性状，片側性 / 両側性），他の症状，喀血の有無等から原因を推測する，鑑別には内視鏡による気道の観察，凝固系検査を含む血液検査のほか，各基礎疾患の診断が必要である．

【治　療】

　安静にし，止血剤を投与する．基礎疾患の治療が必要である．

2. 肺水腫

【病　態】

　毛細血管から水分が間質ないし肺胞へ移行して生じる．間質性肺水腫では肺コンプライアンスが低下することにより，また肺胞性肺水腫では肺の空気含量が減少することにより肺機能が減退し，呼吸促迫，呼吸困難等の呼吸器症状が発現する．重度の肺水腫では呼吸不全により死亡する．

【原　因】

　図 2-4 を参照．

【症　状】

　呼吸促迫，呼吸困難（鼻孔開張，開口呼吸，喘鳴），心拍数増加，チアノーゼ，水様性〜血様泡沫性鼻汁または流涎がみられる．

【診　断】

　基礎疾患の病歴および重篤な呼吸器症状から本症を疑う．聴診では肺の湿性ラッセル（捻髪音，水泡

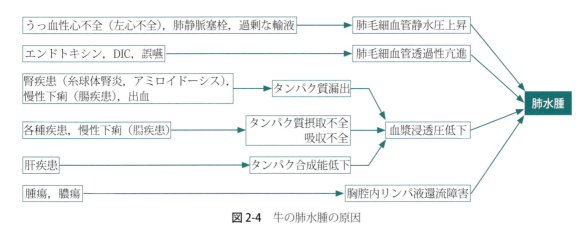

図 2-4　牛の肺水腫の原因

音）が聴取される．呼吸困難を呈する疾患として，重篤な喉頭炎，気管支炎や肺炎，熱射病等との鑑別が必要である．

【治　療】
　利用薬および強心剤投与により肺からの水分除去を図る．重症例に対しては低酸素に対して酸素吸入，ステロイド剤の投与，高張食塩液の投与が有効な場合がある．呼吸状態改善のために気管支拡張薬も用いられる．基礎疾患に対する治療も必要である．

3．肺気腫

【病　態】
　肺胞壁または終末細気管支の著しい拡張または破綻により，終末気管支から末梢側の容積が増大する．肺胞の異常な拡張は肺胞性肺気腫，漏出した空気が小葉間結合織に侵入し蓄積した状態は間質性肺気腫とされる．いずれもガス交換機能が低下し，呼吸困難等の呼吸器症状が発現する．また，間質性肺気腫では，空気が胸膜下，縦隔を経て皮下織に達し，皮下気腫を形成することがある．

【原　因】
　急性の過呼吸による肺胞への過剰な空気の貯留（喉頭部浮腫，瀕死期の苦悶，アナフィラキシー，中毒）により生じる．気管支炎，肺炎，肺水腫，その他の慢性肺疾患に継発する気道の閉塞による呼気の流出障害，および肺胞構造の破壊融合が原因となることも多い．

【症　状】
　呼吸促迫，呼吸困難（開口呼吸，努力性呼吸），皮下気腫（背部，胸部，頚部）．

【診　断】
　病歴，経過，症状，肺打診界の拡大所見等から疑うが，確定は困難である．呼吸器症状に加えて皮下気腫がある場合には**肺気腫**の存在が示唆される．

【治　療】
　根本的な治療法はなく，安静と基礎疾患の治療を実施する．

第 2 章　呼吸器疾患　　17

2-3　豚の感染性呼吸器疾患

> 到達目標：豚の呼吸器疾患の病態，原因，症状，診断法，治療法および予防法を説明できる．
> キーワード：鼻炎，喉頭炎，気管炎，気管支炎，肺炎

1．鼻　炎

【病　態】

　病原体の刺激により鼻粘膜が炎症を起こし，鼻汁，くしゃみ，目やに等の症状がみられる．上部または下部呼吸器感染症の一症状として鼻炎が生じることもある．

【原　因】

　感染因子として，豚サイトメガロウイルス，豚インフルエンザウイルス，豚ヘルペスウイルス1型(オーエスキー病ウイルス)，*Bordetella bronchiseptica* が重要である．

【症　状】

　豚サイトメガロウイルス感染症：封入体鼻炎．鼻炎症状が主だが，若齢豚では呼吸困難，死亡することがある．

　豚インフルエンザ：元気食欲減退，鼻汁，発咳，発熱．重症化すると肺炎に進行する．伝染性が強い．

　オーエスキー病（届出伝染病）：成豚の症状は軽度で，発熱および鼻汁程度．若齢豚では神経症状がみられる．

　Bordetella bronchiseptica（届出伝染病）による萎縮性鼻炎：初期にはくしゃみ，漿液性鼻汁が主であるが，次第に粘液膿性鼻汁が排出され，鼻づまり，流涙，鼻骨・上顎骨・前頭骨の発達遅延が生じ，鼻甲介の形成不全として特徴的な鼻曲がりがみられる．若齢豚では気管支肺炎に進行する．

【診　断】

　豚サイトメガロウイルス感染症：PCR，血清学的診断による．

　豚インフルエンザ：症状からは他の疾患と鑑別困難．ウイルス分離と抗体検出が必要．

　オーエスキー病：ウイルス分離，抗原または抗体の検出による．

　萎縮性鼻炎：鼻腔分泌物からの菌分離．

【治療および予防】

　抗菌薬投与により二次感染防止を図る．病原体によってはワクチンが利用できる．一般的な豚の感染性呼吸器病の予防法としては，オールイン・オールアウト，消毒等，子豚群の早期離乳隔離育成，換気や飼養密度等，飼養環境の改善を行う．

2．喉頭炎，気管炎

【病　態】

　喉頭から気管の炎症により腫脹，充血，疼痛が生じ，発咳，気道狭窄，嚥下困難等の症状が発現する．上部または下部呼吸器感染症の一症状として生じることもある．

【原　因】

　感染因子による喉頭への刺激，気管の炎症が原因となる．感染性因子としては各種呼吸器感染症の病

18 第2章　呼吸器疾患

原体が原因となり得る.

【症　状】

一般状態の低下，発熱および発咳が主症状で，喉頭の炎症が著しい場合には嚥下困難，流涎も生じる.

【診　断】

豚の場合には病原学的検索を中心に実施する.

【治療および予防】

対症療法と抗菌薬投与により二次感染防止を図る．病原体によってはワクチンが利用できる．一般的な豚の感染性呼吸器病の予防法としては，オールイン・オールアウト，消毒等，子豚群の早期離乳隔離育成，換気や飼養密度等，飼養環境の改善を行う.

3．気管支炎，肺炎

【病　態】

各種ストレス（輸送，過密等）は，気道の防御機構を減弱させるため，日和見感染症としての**気管支炎・肺炎**発症の誘因となる．病原体の直接的な侵入，または細菌の二次感染により発症する．豚では多頭飼育のため感染性因子により，群内で多発する.

【原　因】

種々の原因による肺および気管支の炎症である．豚では感染性因子が重要である．ウイルス〔豚繁殖・呼吸障害症候群（porcine reproductive and respiratory syndrome, PRRS）ウイルス，ニパウイルス，

表 2-2　豚の呼吸器感染症：主な病原体ごとの症状

	病原体	疾患	症状
ウイルス	豚繁殖・呼吸障害症候群ウイルス	豚繁殖・呼吸障害症候群（届出伝染病），ヘコヘコ病	離乳豚・肥育豚では肺炎を主とした呼吸器症状を示して発育不良となる．腹式呼吸（通称：ヘコヘコ病）．細菌やマイコプラズマ等の二次感染や複合感染により呼吸器症状が悪化する．妊娠豚では繁殖障害もみられる.
	ニパウイルス	ニパウイルス感染症（届出伝染病・人獣共通感染症）	多くの場合は不顕性感染であるが，発熱，激しい咳，開口呼吸，痙攣等がみられる.
	豚インフルエンザウイルス	豚インフルエンザ	元気食欲減退，鼻汁，発咳，発熱．重症化すると肺炎に進行する．伝染性が強い.
細菌	*Mycoplasma hyponeumpniae*	豚マイコプラズマ肺炎	若齢豚で元気消失，弱い発咳が認められ，発育遅延が生じるが，無症状の場合も多い．細菌・ウイルスの二次感染により肺炎症状が重篤化する.
	Pasturella multocida	豚パスツレラ症	中豚～成豚で発生する．一般症状の悪化，発熱，発咳，呼吸促迫，急性例では4～10日の経過で死亡.
	Actinobacillus plueropneumoniae	豚胸膜肺炎	一般状態の悪化，発熱，発咳，呼吸促迫，呼吸困難を呈する．抗体陰性群では症状は重篤で急性経過で死亡することもある．慢性化により発育が遅延する.
	Haemophilus parasuis	グレーザー病	子豚に多発する．発熱，元気食欲廃絶，呼吸促迫ないし呼吸困難がみられるが，甚急性では突然死となる．肺炎・胸膜炎だけではなく，心外膜炎，関節炎，神経症状も発現することがある.
	Bordetella bronchiseptica	萎縮性鼻炎（届出伝染病）	萎縮性鼻炎が特徴であるが，若齢豚では気管支肺炎に進行する.

豚インフルエンザウイルス〕，マイコプラズマ（*Mycoplasma hyponeumpniae* 等），その他の細菌（主に *Pasturella multocida, Actinobacillus plueropneumoniae, Haemophilus parasuis, Bordetella bronchiseptica* で，そのほか，*Salmonella, Escherichia coli, Streptococcus* spp., *Staphylococcus* spp. 等）が原因となる.

【症　状】

　呼吸器症状として，発咳，鼻汁，呼吸促迫，呼吸困難が発現するほか，全身症状として元気消失，食欲不振および発熱がみられる．一般に細菌の二次感染により症状が重篤化する．主な病原体ごとの症状の特徴は表 2-2 のようにまとめられる.

【診　断】

　病原体の分離，PCR，血清学的検査により診断する.

【治療および予防】

　対症療法と抗菌薬投与により二次感染防止を図る．また，一般的な豚の感染性呼吸器疾患の予防法としては，オールイン・オールアウト，消毒等，子豚群の早期離乳隔離育成，換気や飼養密度等，飼養環境の改善を行う．豚繁殖・呼吸障害症候群およびニパウイルス感染症では利用できるワクチンはないが，豚インフルエンザ，豚マイコプラズマ肺炎，豚胸膜肺炎，およびグレーザー病ではワクチンが利用できる.

《演習問題》（「正答と解説」は 150 頁）

問 1. 牛の感染性呼吸器疾患に関する記述のうち，正しいものはどれか.
　a. 鼻炎では発熱，食用廃絶が主症状である.
　b. 喉頭炎の主症状は発咳である.
　c. 治療は必ず細菌培養と感受性試験の結果を待ってから検討する.
　d. マイコプラズマは成牛の呼吸器感染症の原因菌として重要である.
　e. 喘鳴音の聴取は胸膜炎の存在を示唆する所見である.

問 2. 豚の感染性呼吸器疾患に関する記述のうち，正しいものはどれか.
　a. 肺炎の発症要因として重要なのは細菌の病原性の強さであって，飼育環境は無関係である.
　b. 豚の気管支炎または肺炎では，発熱，食欲低下はほとんどみられない.
　c. ウイルスには抗菌薬は無効なので，ウイルス性肺炎の治療に抗菌薬が用いられることはない.
　d. オールイン・オールアウト，換気や飼養密度の改善は重要な予防法になる.
　e. 豚繁殖・呼吸障害症候群の予防にはワクチンが利用できる.

第3章　牛の消化器疾患

一般目標：牛の消化器疾患の病態，原因，症状，診断法，治療法および予防法を理解する．

3-1　口・食道疾患

到達目標：口・食道疾患の病態，原因，症状，診断法，治療法および予防法を説明できる．
キーワード：口蹄疫，放線菌症，アクチノバチルス症，木舌，食道梗塞

1. 口蹄疫

【病態，原因および症状】

　口蹄疫（foot-and-mouth disease）は，ピコルナウイルス科，アフトウイルス属に分類される口蹄疫ウイルスを原因とする偶蹄類の急性熱性感染症であり，家畜伝染病（法定伝染病）に指定されている．

　潜伏期間は牛が平均6日，豚が平均10日であり，初期には発熱，食欲減退，流涎，鼻汁が認められ，その後，舌，口腔粘膜，鼻腔粘膜，趾間，乳房・乳頭に水疱を形成する．後期には，粘膜と皮膚のびらん病変は瘢痕化する．

【診　断】

　臨床症状，病理学的検査および病原学的検査により総合的に判定される．

【治　療】

　治療は行わない．

【備　考】

　口蹄疫が発症した際には，「口蹄疫に関する特定家畜伝染病防疫指針」に基づいて防疫措置される．

2. 放線菌症

【病態，原因および症状】

　放線菌症（アクチノマイコーシス，actinomycosis）は，*Actinomyces bovis* の感染によって顎骨に化膿性肉芽腫性炎を引き起こす疾病である．下顎や上顎に骨性の腫脹が出現し，進行すると病変は腫大して硬い腫瘤となり，自潰，膿瘍および瘻管を形成して黄白色顆粒を含んだ膿汁を漏出する．歯槽骨は歯列不正となり，咀嚼困難となる．

【診　断】

　膿中の硫黄顆粒の鏡検，膿からの菌の分離・固定による．

【治　療】

　初期は抗菌薬の全身および局所の投与が有効であるが，症状が進行した例では効果が期待できない．

3. アクチノバチルス症（木舌）

【病態，原因および症状】

アクチノバチルス症（actinobacillosis）は，*Actinobacillus lignieresii* の感染によって舌や頭頚部の軟部組織に化膿性肉芽腫性炎を引き起こす疾病である．採食困難，著しい流涎を示し，口腔内を触診すると疼痛を伴う硬結した舌が確認される．進行すると，病変は線維組織に移行して舌は可動性を欠き（**木舌**），採食不能となる．放線菌症との類症鑑別が必要である．

【診　断】

膿中の硫黄顆粒の鏡検，膿からの菌の分離・固定による．

【治　療】

初期はヨード剤や抗菌薬の投与が有効である．

4. 食道梗塞

【原　因】

食道梗塞（esophageal obstruction）の原因は，根菜（カブ，ビート，イモ）やリンゴ等の固形物，異物，先鋭物の嚥下であり，食道炎や食道狭窄，食道粘膜損傷が誘因となる．梗塞部位は，咽頭部，胸腔入り口，噴門部に多い．

【症　状】

突発的に発生し，採食を中止して，頭部の伸張，著しい流涎を呈する．その後，曖気障害による第一胃鼓脹症，呼吸困難を示す．鼻腔から飼料片が逆流することがある．

【診　断】

頚部触診，食道探子や胃カテーテルによる探診，内視鏡により梗塞部位を確認できる．

【治　療】

梗塞部位を確認して，異物推送器や胃カテーテルによる異物の推送，摘出および破砕を選択する．重症な頚部の食道梗塞に対しては，食道切開術を行い，術後は軟性の飼料を給与し，抗菌薬を全身投与する．

3-2　前胃疾患

> 到達目標：前胃疾患の病態，原因，症状，診断法，治療法および予防法を説明できる．
> キーワード：第一胃鼓脹症，第一胃食滞，第一胃アシドーシス，第一胃錯角化症，第一胃パラ
> 　　　　　　ケラトーシス，創傷性第二胃炎，創傷性第二胃横隔膜炎，第三胃食滞

1. 第一胃鼓脹症

【原　因】

第一胃鼓脹症（ruminal tympany）は，易発酵性炭水化物やタンパク質含量が多く，粗繊維の少ない飼料の多量摂取によって発症し，ガス性状によって遊離ガス性と泡沫性，病勢によって急性と慢性の鼓脹症に分類される．遊離ガス性鼓脹症の原因は，曖気障害であり，食道梗塞や低カルシウム血症，腫瘍による食道の圧迫，迷走神経性消化不良等によって発症する．泡沫性鼓脹症は，開花前期のマメ科牧草，

粗類および濃厚飼料の給与による植物性壁細胞中の高表面活性物（サポニン，ペクチン）等が原因となる．

【症状および診断】

左側上膁部の膨満が特徴であり，進行に伴って食欲廃絶および間欠的な疝痛症状を示し，急性や泡沫性では，呼吸困難を示して窒息死することがある．

【治　療】

原因と誘因の除去が重要であり，発症例に対しては内科療法を行う．内科療法としては，経口胃カテーテルや套管針による第一胃内ガスの排除，消泡剤や吸着剤（活性炭末）の経口投与，薬剤の投与による第一胃運動の促進の治療を行う．重篤な急性や泡沫性の症例に対しては，第一胃切開術を行う．

【予　防】

給与飼料の基本的な管理と放牧開始時に馴致放牧を行うことが重要である．

2.　第一胃食滞

【原　因】

第一胃食滞（rumen impaction）は，過剰な食渣が第一胃内に滞留する疾病であり，盗食や難発酵性飼料の過剰給与，給与飼料の急変，腐敗飼料の給与および異物の誤食が原因となる．

【症状および診断】

軽症例は，食欲不振と第一胃運動の低下，重症例では，食欲廃絶と第一胃運動や反芻の停止，第一胃内容の充満による左膁部の膨満が認められる．迷走神経性消化不良等の消化器疾患との類症鑑別が必要である．

【治　療】

薬剤（塩酸メトクロプラミド，塩化ベタネコール，ネオスチグミン）の投与による第一胃運動の促進，健胃剤の内服や健康牛の第一胃液移植による第一胃消化機能の促進を行う．重症例は，第一胃切開を行って第一胃内容物を除去した後に健康牛の第一胃液を移植する．

【予　防】

飼養管理に留意し，給与飼料の急変を避ける．

3.　第一胃アシドーシス

【病態および原因】

第一胃アシドーシス（ruminal acidosis）は，乳酸や揮発性脂肪酸（volatile fatty acid, VFA）が第一胃内に蓄積して第一胃液の pH が低下する状態である．本病は，濃厚飼料の多給や飼料の急変，盗食によって第一胃液 pH が急速に低下して全身症状を示す急性第一胃アシドーシスと，明らかな症状を示さず，第一胃液 pH が反復的に低下して難便や下痢を示す亜急性（潜在性）第一胃アシドーシスに分類される．

【症状および診断】

急性第一胃アシドーシスでは，第一胃液が灰白色で pH が著しく低下（5.5 以下）して酸臭が強く，第一胃液の原虫は減少し大型原虫が消失して小型原虫のみとなり，VFA の酢酸が減少してプロピオン酸や酪酸が増加する．急性第一胃アシドーシスでは，第一胃液 pH の低下に伴って第一胃内微生物叢が急変してエンドトキシンやヒスタミンが放出されるために，沈うつや苦悶，心悸亢進，呼吸速迫，酸臭の泥状ないし水様下痢，重度の脱水の重篤な症状を呈する．

亜急性第一胃アシドーシスでは，第一胃液 pH が反復して低下するが，第一胃液の性状や原虫，VFA 等には大きな変化がみられない．亜急性第一胃アシドーシスは，グラム陰性菌の死滅によって内因性エンドトキシンが産生され，蹄葉炎，食欲不定，削痩および乳脂肪率が低下し，第四胃変位と第一胃炎が増加する．

【治　療】

急性第一胃アシドーシスでは，第一胃内の乳酸や VFA を中和させる重曹の経口投与，健康牛の第一胃液移植を行い，脱水とアシドーシスの改善の目的で輸液療法を行うが，乳酸リンゲルは禁忌である．盗食の重症例に対しては，第一胃切開術を行って内容物を除去し，健康牛の第一胃液を移植する．亜急性第一胃アシドーシスでは予防対策を行うべきである．

【予　防】

盗食の防止，飼養管理の改善，給与飼料の急変を避け，重曹や生菌製剤の飼料添加を検討する．

4．第一胃錯角化症（第一胃パラケラトーシス）

【病態および原因】

第一胃錯角化症（ruminal parakeratosis）は，第一胃粘膜の扁平角化上皮が角化不全に陥り，鱗状の角化層が過剰に積み重なった病変であり，第一胃炎や肝膿瘍を併発する例が多い．原因は，炭水化物含量の多い濃厚飼料の給与や粗繊維の不足，第一胃粘膜の刺激と傷害，ビタミン A 欠乏等である．

【症状および診断】

初期の症状は不明瞭であり，進行に伴って，食欲低下や異嗜，慢性の下痢や第一胃鼓脹を呈する．初期の診断は困難であるが，第一胃機能低下や第一胃液 pH 低下，異嗜が持続する例は，本病を疑うべきである．

【治　療】

原因の除去が基本であり，第一胃内容液の改善を目的とした重曹の投与や健康牛の第一胃液の移植が有益である．

【予　防】

良質な粗飼料の給与や飼料の急変の回避，重曹サプリメントの飼料添加を行う．

5．創傷性第二胃炎・横隔膜炎

【病態および原因】

創傷性第二胃炎（traumatic reticulitis）は，摂取した鋭利な異物（釘，針金）が第二胃粘膜に刺入して発症し，異物が第二胃壁を穿孔して横隔膜に炎症を起こすと創傷性第二胃横隔膜炎に進行する．さらに，穿孔異物の移動や炎症の波及によって心膜炎を継発することがある．

【症状および診断】

急性期には，突発的な食欲低下，第一胃運動の減退，第二胃打診痛，背部把握試験と棒試験（バーテスト）の陽性，および軽度の発熱と心拍数の増数を呈し，好中球数の増数に伴う白血球数の増数と血漿フィブリノーゲン濃度の増加が認められる．慢性期には，持続的な食欲不振と削痩を示し，迷走神経性消化不良を示す例がある．

超音波検査は本症の診断に有用である．

24   第3章　牛の消化器疾患

【治　療】
　初期は，棒磁石の経口投与や金属回収器（カウサッカー）による金属異物の回収，第二胃に刺入した異物の除去を目的としたプラットホーム療法を行うと同時に抗菌薬の全身投与が有効である．外科療法としては，第一胃切開による第二胃粘膜からの異物除去がある．慢性期に対する治療法はない．

【予　防】
　鋭利な異物の混入の対策と棒磁石の経口投与を行う．

6. 第三胃食滞

【病態および原因】
　第三胃食滞（omasal impaction）は，第三胃運動が低下して第三胃の内容物が滞留した状態であり，第一胃や第四胃，消化器疾患に併発することが多い．原発性の原因としては，胃内容の水分不足，砂粒の第三胃の堆積，毛球の第三胃への移動，継発性の原因としては，第一胃食滞からの継発である．

【病態および症状】
　軽度の発熱と心拍数と呼吸数の増数を呈し，脱水によるHct（ヘマトクリット）値とBUN（血中尿素窒素）の増加が認められる．

【診　断】
　開腹手術の触診により硬固な第三胃を触診できる．

【治　療】
　流動パラフィンやミネラルオイルの経口投与が有効であり，開腹手術時に第三胃食滞が確認された際には，生理食塩水等を注入してマッサージを行う．

3-3　第四胃疾患

> 到達目標：第四胃疾患の病態，原因，症状，診断法，治療法および予防法を説明できる．
> キーワード：第四胃変位，第四胃捻転，第四胃潰瘍，第四胃食滞，便秘，迷走神経性消化不良

1. 第四胃変位

【病態および原因】
　第四胃変位（abomasal displacement）は，第四胃運動の減退と第四胃内ガスの貯留を伴う消化障害を呈する疾病であり，第四胃が第一胃と左腹壁に間に変位する左方変位と第四胃が腸管と右腹壁の間に変位する右方変位がある．
　第四胃変位は多因子性疾病であり，①機械的要因：妊娠末期の子宮によって押し上げられた第一胃の間隙に第四胃が入り込む，②飼料要因：分娩前後の濃厚飼料の摂取と繊維不足で唾液分泌が減少して第一胃アシドーシスと第四胃アトニーが起こる，③第四胃アトニー：第四胃収縮運動の減退による第四胃内ガスの排泄障害が起こる，④合併疾病：第四胃変位に先行して起こる産褥期疾病（乳熱，ケトーシス等），⑤遺伝要因：育種改良に伴う腹腔容積の拡大による，の五つの説がある．

【症状および診断】
　食欲不振ないし不定が認められ，腹腔領域における有響音（ピング音）が聴取される．右方変位では

右下腹部で第四胃液の拍水音と脱水が認められる。有響音は，左方変位では 左側第八肋間下 3 分の 1 から左膁部，右方変位では右側最後肋間の上半分から右膁部で聴取される。血液検査では，低クロル血症と代謝性アルカローシスが認められ，低カルシウム血症と非エステル化脂肪酸（NEFA）〔遊離脂肪酸（FFA）〕の高値を示す例が多い。

【治　療】

第四胃左方変位は牛体回転整復法（ローリング法）によって整復できるが，第四胃右方変位では第四胃捻転を起こす危険性があり禁忌である。外科的整復手術には，起立位右膁部切開・大網固定法，起立位左膁部切開・第四胃固定法，仰臥位傍正中切開・第四胃固定法，経皮的に第四胃を固定するバー・スーチャー（びんつり法）がある。重度な症状と血液所見を示す例に対しては，輸液療法が必要である。

【予　防】

発病要因の改善と対策である。

2. 第四胃捻転

【病態および原因】

第四胃捻転（abomasal torsion）は，右方変位した第四胃が第三胃・第四胃口または第二胃・第三胃口を軸に捻転したものであり，重篤な症状を呈する。発症機序は不明である。

【症状および診断】

重度な脱水に伴う眼球陥没，頻脈（> 100 回 / 分），排便停止または水様便，右側肋から右膁部に及ぶ広範な有響音が聴取され，血液濃縮および血清電解質濃度と酸 - 塩基平衡（代謝性アルカローシス）の異常を示す。

【治　療】

第四胃右方変位に準じた外科的整復手術と同時に輸液療法による血液異常の改善を行う。治癒率は 30 ～ 70％であり，治療が遅れると迷走神経性消化不良を継発して治癒率が低下する。

【予　防】

第四胃変位に準じる。

3. 第四胃潰瘍

【病態および原因】

第四胃潰瘍（abomasal ulcer）は，第四胃粘膜に潰瘍が形成された疾病であり，分娩ストレスや高でんぷん・濃厚飼料が多給されている高泌乳乳牛での発生率が高い。子牛では，離乳期や固形飼料給与が開始される時期に発生が多く，粗飼料の種類が関与している。

【症状および診断】

第四胃潰瘍は，非穿孔性潰瘍（タイプ I），出血を伴う非穿孔性潰瘍（タイプ II），限局性腹膜炎を伴う穿孔性潰瘍（タイプ III），び漫性腹膜炎を伴う穿孔性潰瘍（タイプ IV）に分類される。タイプ I は食欲不振と第一胃運動減退，タイプ II ではさらに貧血とメレナ，頻脈，タイプ III では食欲廃絶と軽度の発熱，第一胃運動減退，限局性の腹部の圧痛，タイプ IV では消化管イレウスと頻脈，ショック症状がみられる。

本病の多くは，糞便の潜血陽性反応を示し，タイプ II では Hct 値の低下，腹膜炎を伴うタイプ III と IV では好中球数と血漿フィブリノーゲンの増加を示す。

26 　第3章　牛の消化器疾患

【治　療】

ストレス要因の除去と合併症に対する対症療法を行う．タイプⅡには輸血，腹膜炎が疑われる例には抗菌薬の全身投与を行う．タイプⅠの予後は良好であるが，腹膜炎を伴うタイプⅢとⅣは予後が悪い．

【予　防】

飼料急変を避け，良質な繊維飼料の給与が基本であり，子牛では離乳期における粗飼料の種類に留意し，密飼い等によるストレスを最小限にすることが必要である．

4. 第四胃食滞・便秘

【病態および原因】

第四胃食滞（abomasal impaction）は，第四胃からの食渣の移送が停滞あるいは停止して，第四胃内に繊維性食渣や飼料に付着した砂が蓄積した状態であり，低品質の粗飼料を給与された肉用牛で多く発病する．子牛では，低品質の代用乳や繊維成分の少ない飼料の給与が原因となる．

【症状および診断】

食欲の低下ないし廃絶および不定，右側腹部の拡張，硬固便の排泄と排糞量の減少を呈する．初期の診断は困難であり，進行した第四胃食滞は予後が悪い．血液検査では低クロル性代謝性アルカローシスと低カルシウム血症を示す例が多い．症状に基づいて診断する．

【治　療】

初期には低クロル性代謝性アルカローシスの改善を目的とした輸液療法と流動パラフィンやミネラルオイルの内服投与を行う．重症例に対しては外科的手術を行うが，治癒率は低い．

【予　防】

適切な飼養管理が重要であり，低品質の飼料給与を避け，砂等の混入を防ぐべきである．

5. 迷走神経性消化不良

【病態および原因】

迷走神経性消化不良（vagal indigestion）は，慢性的な食欲不振と進行性の腹部の拡張が特徴であり，第一胃・第二胃あるいは第四胃における食渣の移送が障害される疾病である．創傷性第二胃横隔膜炎や第四胃捻転による第四胃に分布する血管と迷走神経の障害が原因で発病する例が多い．

【症状および診断】

第一胃は後方から見てL字状に膨満し，第一胃運動の亢進と体温低下，心拍数の減少（60回/分以下）を呈する．進行すると，第四胃と第三胃に内容液が貯留して，第一胃内容は水様となって運動停止し，衰弱が進むと起立不能に陥り死亡する．血液検査では，血液濃縮と低クロル性代謝性アルカローシス，低カリウム血症を示す．

【治　療】

原因疾患に対する治療を行うと同時に，第一胃内容の排除と飲水や飼料の給与制限による第一胃容量の制御を行う．脱水と体液異常の改善を目的とした輸液療法が必要である．第四胃捻転で腹部迷走神経が損傷した例は予後不良である．

3-4 感染性腸炎（成牛）

> **到達目標**：感染性腸炎の病態，原因，症状，診断法，治療法および予防法を説明できる．
> **キーワード**：サルモネラ症，ヨーネ病，牛ウイルス性下痢ウイルス感染症

1．サルモネラ症

【病態および原因】

牛の**サルモネラ症**（salmonellosis）は，届出伝染病である *Salmonella* Typhimurium（*S.* Typhimurium），*S.* Dublin および *S.* Enteritidis の感染による下痢と敗血症を呈する感染症である．わが国では，*S.* Typhimurium と *S.* Dublin の感染が多い．便中のサルモネラの経口感染が主であり，サルモネラは小腸で増殖し，腸管粘膜上皮細胞に侵入して腸炎を引き起す．

【症　状】

急性症では，発熱と食欲減退，悪臭のある黄色ないしタール様の下痢便あるいは粘血便を呈し，泌乳量の激減と停止を示す例もある．慢性症では，関節炎を示す例がある．

【診　断】

下痢便や腸内容物からの菌分離と血清型別検査を行う．病理学的検査では，腸管リンパ節の腫大，小腸壁の菲薄化と充出血の病変が確認される．

【治　療】

感受性に基づいた抗菌薬療法および第一胃内容液の改善と安定を目的としたプロバイオティクスの飼料添加が有効である．

【予　防】

S. Typhimurium と *S.* Dublin の 2 価の不活化ワクチンの接種とプロバイオティクスの飼料添加が有効とされている．

2．ヨーネ病

【病態および原因】

ヨーネ病（Johne's disease）は，ヨーネ菌（*Mycobacterium paratubeculosis*）の経口感染による慢性肉芽腫性の腸炎であり，長い潜伏期間後に難治性の慢性下痢を呈する法定伝染病である．感染様式は経口感染が主であり，経口感染したヨーネ菌は腸管上皮細胞に侵入して不顕性感染牛となる．

【症　状】

3 歳齢以上で発病し，数週間以上の慢性下痢と削痩，泌乳量の減少を呈する．

【診　断】

糞便からの PCR または菌分離による菌の検出を行う．免疫学的診断法も利用される．病理学的検査では，回腸から回盲部における腸管粘膜の皺状（わらじ状）肥厚の病変が認められ，腸管粘膜とリンパ節における類上皮細胞肉腫の組織病変が確認される．

【治　療】

治療法はなく，陽性牛は淘汰する．

28   第3章　牛の消化器疾患

【予　防】

定期検査による不顕性例の摘発と淘汰が重要である.

3. 牛ウイルス性下痢ウイルス感染症[*]

【病態および原因】

牛ウイルス性下痢ウイルス感染症〔bovine viral diarrhea virus（BVDV）infection〕は，牛ウイルス性下痢ウイルス1あるいは2（bovine viral diarrhea virus 1, 2, BVDV 1, 2）の感染による発熱と下痢を示す届出疾病である.

【症　状】

感染源は鼻汁や便であり，急性例は発熱と口腔粘膜のびらん，流涎，下痢，慢性例は慢性下痢と発育不良を示す.

【診　断】

ウイルスの分離とRT-PCRによる遺伝子検出により確定診断をする. 病理学的検査では，食道と広範囲の消化管の粘膜においてびらんが確認される.

【治　療】

対症療法となるが，大きな効果は期待できない.

【予　防】

BVDV1と2を含んだワクチン接種が有効である.

3-5　非感染性腸炎（成牛）

到達目標：非感染性腸炎の病態，原因，症状，診断法，治療法および予防法を説明できる.
キーワード：出血性腸症候群，HBS，エンテロトキセミア，盲腸拡張症，脂肪壊死症，腸重積，腸捻転

1. 出血性腸症候群

【病態および原因】

出血性腸症候群（hemorrhagic bowel syndrome, HBS）は急性の出血性腸炎を発生して突然死する消化器病であり，分娩後200日以下の2産次以上の成乳牛での発生が高い.

要因は給与飼料の腐敗や腸管内における *Clostridium perfringens* type A の異常増殖，マイコトキシン（*Aspergillus fumigatus*）による中毒であるが，その全容は解明されていない.

【症状および診断】

突然の乳量激減，眼球陥没，右下腹部の膨満と腸管拍水音，疝痛，血餅が混入したタール様血便，膨満したループ状小腸の触知が特徴である. 症状は甚急性であり，36時間以内に85％以上が死亡する.

血液検査では，白血球数増数と血漿フィブリノーゲン量の増加，高血糖，BUN増加，低カルシウム血症，

---

[*]家畜伝染病予防法における疾病名は「牛ウイルス性下痢・粘膜病（bovine viral diarrhea-mucosal disease, BVD-MD）」.

代謝性アルカローシスが認められ，病理解剖検査では，小腸における限局性の粘膜出血と血液凝固物による腸閉塞が確認され，腸閉塞の前後における腸の重積と捻転が認められる例がある．

【治　療】

内服療法と輸液，NSAIDs 投与による内科的療法，腸管切除術と小腸病変部のマッサージ圧迫による外科的療法がある．

【予　防】

マイコトキシン対策や腸管細菌叢の改善を目的としたサプリメントの飼料添加が推奨される．

2．エンテロトキセミア

【病態および原因】

エンテロトキセミア（enterotoxemia）は，腸管の壊死と出血を特徴とする急性の壊死性腸炎であり，*Clostridium perfringens*（*C. perfrnigens*）の菌体外毒素が原因である．A 型菌に比べて，B，C，D，E 型菌の毒性が強く病勢が重篤であり，飼料の急変や寒冷感作が誘因となる．

【症状および診断】

甚急性の出血性腸炎を示し，死亡率は高い．血液検査では，好中球数の減少に伴う白血球数の減少と血小板数の減少を示す例が多い．病理検査では，小腸の壊死を伴う出血病変と悪臭ガスの貯留，腹腔内リンパ節の腫脹，散在性出血斑が認められる．

【治　療】

輸血と抗菌薬の全身投与を行う．大きな効果は期待できない．

【予　防】

腸管細菌叢の改善を目的としたプロバイオティクスの飼料添加が有効である．

3．盲腸拡張症

【病態および原因】

盲腸拡張症（caecum dilation）は，盲腸内で揮発性脂肪酸（VFA）が過剰に産生されて盲腸が拡張する消化器病であり，配合飼料やコーンの多給が原因である．ルーメンマットが完成されていない泌乳前期の成乳牛での発生が多い．

【症状および診断】

突発的な食欲廃絶と便量の減少が認められ，右膁部の膨満とピング音が聴取される，右下腹部の拍水音が特徴であり，盲腸捻転に移行する例がある．直腸検査では拡張した盲腸が触知される．血液検査では，進行すると低カルシウム血症と代謝性アルカローシスが認められる．

【治　療】

軽症例に対しては，健胃剤やカルシウム剤の内服，輸液の内科療法を行い，重症例に対しては盲腸切開術を行う．

4．脂肪壊死症

【病態および原因】

脂肪壊死症（fat necrosis）は，腹腔内の脂肪組織が壊死硬化して限局性の集塊を形成し，腸管の通過障害を呈する疾病であり，好発部位は円盤結腸の脂肪組織である．要因は，遺伝性，膵臓疾患，肥満，

30 第3章 牛の消化器疾患

飽和脂肪酸の過多およびマイコトキシン等の諸説があるが，主な原因は不明である．

【症状および診断】

腸管の通過障害による食欲減退と便通障害，疝痛症状が認められ，直腸検査によって脂肪壊死塊が触知できる．血液検査では血清コレステロール量とトリグリセリド量の低下，非エステル化脂肪酸（NEFA）〔遊離脂肪酸（FFA）〕濃度の増加が認められる．

【治　療】

根治的な治療法はない．

【予　防】

濃厚飼料の過剰給与の回避やビタミンE投与，バイパス処理油脂やハト麦，ヨクイニンの飼料添加を行う．

5．腸重積・腸捻転

【病態および原因】

腸重積（invagination）・**腸捻転**（volvulus）の機械的原因としては異物の嚥下，腸管の腫瘍や肥厚による内腔狭窄，腸管壁外側の腫瘍等による圧迫，ヘルニア嵌頓，機能的原因としては腸炎や腹膜炎による麻痺性あるいは痙攣性の腸閉塞がある．

【症状および診断】

著しい疝痛症状，腹部膨満，食欲廃絶，排便の停止あるいは粘血便およびショック症状の発現が認められる．症状の進行に伴って，心拍数の増数，腹囲膨満の増加，右側腹壁におけるピング音の聴取が認められる．直腸検査によって重積ではソーセージ様の塊，捻転ではガス貯留したループとして腸管が触知され，超音波検査によって確認できる．

血液検査では，高度の血液濃縮，BUN増加，低クロル・低カリウム血症が認められる．

【治　療】

早期の外科的手術．

3-6　飼料性腸炎

> **到達目標**：飼料性腸炎の病態，原因，症状，診断法，治療法および予防法を説明できる．
> **キーワード**：マイコトキシン中毒

1．マイコトキシン中毒

【病態および原因】

マイコトキシン中毒は飼料性腸炎の代表的な疾病である．マイコトキシンは，カビの二次代謝産物として生産されるヒトと動物に有害な化合物の総称であり，300種類以上の飼料由来のマイコトキシンが確認されている．代表的なマイコトキシンは，肝臓毒のアフラトキシン（AF），腎臓毒のオクラトキシン，神経毒の麦角アルカロイド，神経毒と肝臓毒のフモニシン，腸管・吐血毒のデオキシニバレノール（DON），繁殖毒のゼアラレノン（ZEN）があり，アスペルギルス属カビが産生するAFが最も強力である．わが国では，AFB1，ZEN，DONの飼料安全規制がある．

第3章　牛の消化器疾患　　31

【症状および診断】

マイコトキシン中毒は急性例では突発的な重度の下痢と食欲廃絶，体温低下，第一胃運動低下，腸蠕動亢進，眼瞼・肛門・外陰部の腫脹を呈する．慢性例では消化障害，乳房炎，呼吸器病，および飼料効率，免疫能と繁殖性の低下，低体重と虚弱子牛の出生が知られており，乳生産量の低下，間欠的な下痢，流産・胚死滅と発情微弱による繁殖性低下，代謝病の増加がみられる．

血液検査では，低カルシウム血症，高血糖，低クロル血症，低クロル性代謝性アルカローシス，血清GGT活性値の上昇が特徴的である．重症例では血清GOTとGGT活性値の上昇，Bil（ビリルビン）量増加，BUN増加が認められる．

【治　療】

肝機能障害を伴う体液異常の改善を目的とした輸液療法とカルシウム剤，健胃剤，整腸剤および生菌製剤の経口投与，第一胃液移植を行う．

【予　防】

サイレージの調整と貯蔵の基本厳守であり，種々のマイコトキシン吸着剤の飼料添加が推奨されている．

3-7　子牛の下痢症

> **到達目標**：子牛の下痢症の病態，原因，症状，診断法，治療法および予防法を説明できる．
> **キーワード**：大腸菌性腸炎，子牛，大腸菌，ロタウイルス性腸炎，牛ロタウイルス，コロナウイルス性腸炎，牛コロナウイルス，アデノウイルス性腸炎，コクシジウム症，コクシジウム，クリプトスポリジウム症，母乳性腸炎，脱水，酸 - 塩基平衡異常

【病態，症状および診断】

主に脱水と酸 - 塩基平衡異常に起因する代謝性アシドーシスが認められる．脱水は皮膚の弾力性と眼球陥没の程度によって，代謝性アシドーシスは沈うつスコア（起立状態, 吸乳反射, 口腔内温度）によってそれぞれ評価できる．

急性腸炎では脱水と体液異常，酸血症（pH 7.280以下）を呈し，慢性腸炎では低血糖と低タンパク血症，低脂血症等の低栄養の病態を呈する．また，腸炎によって血液 HCO_3^- が低下して代謝性アシドーシスに陥り酸血症（pH低下）を生じる．

各原因病原体を検出することはできるが，いくつかの原因が合併して発病しているものも多い．

【原　因】

ⅰ．細菌性腸炎

大腸菌性腸炎は，毒素原性大腸菌（enterotoxigenic *Esherichia coli*，ETEC）の感染が原因であり，一般的に「白痢」といわれ，生後5日以内の子牛に発病する死亡率の高い早発性大腸菌下痢は，毒性の強い大腸菌 ETEC（K-99）の感染による．ベロ毒素産生性大腸菌（verotoxin-producing *E. coli*，VTEC）の感染に起因する「子牛赤痢」は，2ヵ月以内の子牛に散発する．

サルモネラ性腸炎は，サルモネラ菌（*Salmonella*）の感染が原因である．*S.* Typhimurium, *S.* Dublin, *S.* Enteridis の感染によるサルモネラ症は，届出伝染病に指定されている．

32　　　第3章　牛の消化器疾患

ⅱ．ウイルス性腸炎

ロタウイルス性腸炎は，牛ロタウイルス（A〜C群）の感染が原因であり，1〜2週齢の子牛に多発する．

コロナウイルス性腸炎は，牛コロナウイルスの感染が原因であり，冬期間における1〜3週齢の子牛に多発する．

アデノウイルス性腸炎は，牛アデノウイルスの感染が原因であり，わが国では病原性の強い7型の感染が多く，多発性関節炎や虚弱子牛症候群の主因のひとつと考えられている．

ⅲ．原虫性腸炎

コクシジウム症は，*Eimeria* 属のコクシジウムの感染が原因であり，病原性の強い *Eimeria zuernii* と *E. bovis* の汚染が拡大している．

クリプトスポリジウム症は，*Cryptosporidiumu parvam* の感染が原因であり，1〜3週齢の子牛に多発する．

ⅳ．母乳性腸炎

母乳性腸炎は，母乳成分異常に起因する「母乳白痢」と呼ばれる非感染性下痢症であり，黒毛和種子牛で認められる．

【治　療】

脱水と体液異常，酸血症の改善を目的とした輸液療法および経口補液，病原微生物に対する抗菌薬の投与を行う．脱水が8％以上の例には静脈内輸液，8％以下の例には経口補液を行い，酸血症に対してはアルカリ剤として炭酸水素ナトリウムの静脈内投与が最適である．細菌性下痢症に対しては抗菌薬，コクシジウム症に対してはサルファ剤の内服や静脈内投与，あるいはトルトラズリル剤の内服が有効である．

【予　防】

発病要因の検証と改善を行うと同時に各種ワクチンの接種やプロバイオティクス添加を行うことが有効である．

≪演習問題≫　（「正答と解説」は150頁）

問1．前胃疾患で誤りはどれか．
  a．ルーメンアシドーシスの原因は，タンパク質飼料の多給である．
  b．第一胃食滞では，排糞量の減少を示す．
  c．第一胃鼓脹症では，左膁部の膨満を示す．
  d．創傷性第二胃・横隔膜炎の原因は，鋭利な異物の誤飲である．
  e．創傷性第二胃炎の予防は，棒磁石の経口投与である．

問2．第四胃疾患で誤りはどれか．
  a．第四胃変位は，左方変位が多い．
  b．第四胃左方変位は，第四胃捻転に進行する例が多い．
  c．第四胃変位は，有響音（ピング音）の聴取によって診断できる．
  d．第四胃捻転では，代謝性アルカローシスを示す．
  e．第四胃潰瘍では，糞便の潜血陽性反応を示す．

問3．腸疾患で誤りはどれか．
  a．牛サルモネラ症は，届出伝染病である．

b. 牛サルモネラ症の特徴的病変は，腸管リンパ節の腫大である．

c. ヨーネ病の特徴的病変は，腸管粘膜の皺状（わらじ状）肥厚である．

d. 出血性腸症候群（HBS）は，急性経過を示す．

e. 脂肪壊死症の好発部位は，腎臓周囲の脂肪組織である．

第4章　豚と羊，山羊の消化器疾患

一般目標：豚と羊，山羊の消化器疾患の病態，原因，症状，診断法，治療法および予防法を理解する．

4-1　豚の消化器疾患

到達目標：豚の消化器疾患の病態，原因，症状，診断法，治療法および予防法を説明できる．
キーワード：胃潰瘍，伝染性胃腸炎，TGE，豚流行性下痢，PED，大腸菌，浮腫病，豚赤痢，コクシジウム症，消化管内線虫

1．胃潰瘍

　豚の**胃潰瘍**（gastric ulcers）は，近代の集約的養豚飼育において大きな経済損失につがる疾患である．多くは，胃食道部に潰瘍を発生するが，まれに胃腺部（胃底部，幽門部，噴門部）でも起こる．基本的に両部位での発生機序は異なる．

【病態および原因】

・胃食道部の潰瘍：細かく微粉状（直径 1.5 mm 未満の粒子）に粉砕した穀物等を含む飼料を与えられた成長期の豚で発生する．このような飼料は胃内の水分量が増加するため正常な胃内 pH 勾配に異常が生じやすく，胃食道部の pH 低下と胃腺部の pH 増加を招き，胃酸分泌が増加する．胃食道部の重層扁平上皮は低 pH によって障害され，びらん，不全角化（パラケラトーシス），粘膜損傷等を生じる．

・胃腺部の潰瘍：*Hyostrongylus rubidus*（紅色毛様線虫）の寄生，ストレスや副腎皮質ホルモンが誘因になる．

【症　状】

　無症状で，剖検やと殺時に確認される例が多い．このような非臨床型であれば，一般に増体や飼料効果に影響は少ない．しかし，臨床症状を伴う場合，以下のように分類される．

甚急性型：発育良好で健康な豚が突然の胃内出血で嘔吐または下血し，貧血による心不全で死亡する．体温は低下し，血圧低下，チアノーゼ，呼吸困難等の症状も認められる．

急性型：病豚は横臥し，呼吸困難，歩様蹌踉で虚脱し，数日で死亡する．食欲廃絶，チアノーゼ，下血，体温・皮温の低下等を認め，脈拍は頻脈・微弱となる．胃潰瘍の最も共通の臨床症状は突然死である．

亜急性または慢性型：中等度の病因が持続して感作された場合の病型で，症状は軽く，食欲不定で元気なく，伏臥を好む．病状が進行すれば，病豚は群から孤立し，不安の様相を呈する．血便を間欠的に排泄し，元気消沈，発熱，疝痛，削痩を認める．慢性例では貧血と同時に胃穿孔による腹膜炎を生じることがある．

【臨床病理】

　非臨床型では病変徴候は不明である．症状が明瞭な場合には，赤血球数，Hct 値，Hb 量の低下が顕著で，胃穿孔すればフィブリノーゲン値が上昇する．

第 4 章　豚と羊，山羊の消化器疾患　　35

【治　療】

　治療は，胃潰瘍の誘因の除去，粘膜保護剤の投与，環境の改善である．制酸剤（酸化マグネシウム，水酸化マグネシウム，水酸化アルミニウム）や粘膜保護剤（アルミニウム製剤ゲル，ポリアクリル酸ナトリウム）を経口投与する．出血や貧血に対しては，止血剤（抗プラスミン剤，ビタミン K 等）や造血剤（鉄剤，ビタミン B 複合体）を投与する．

　胃腺部の潰瘍の治療には，ストレスの軽減と消化管寄生虫への対策（レバミゾール，イベルメクチンの投与）を行う．

【予　防】

　飼料の粒子サイズと線維含量の適正化を図る．ポリアクリル酸ナトリウムの経口投与も効果がある．

2. 伝染性胃腸炎

【病態および原因】

　伝染性胃腸炎（transmissible gastroenteritis, TGE）は TGE ウイルスを原因とする豚の感染症であり，届出伝染病に指定されている．発生は清浄農場にウイルスが侵入する流行型と，離乳豚を中心に連鎖的な感染環が成立して持続発生する常在型に大別される．晩秋から早春に多く，冬季に好発する．伝播が速く，年齢に関係なく高い発生率を示す．下痢便中には多量のウイルスが含まれるため全豚群に感染が急速に拡大する．

【症　状】

　流行型では，1 ～ 3 日の潜伏期間を経て，全ての日齢の豚で水様性下痢と嘔吐を認める．哺乳豚では食欲不振，嘔吐，乳白色，灰白色あるいは黄緑色の水様性下痢を呈し，脱水状態となって数日～ 1 週間以内に死亡する．幼齢豚の致死率の 50％ を超えるが，日齢が進むにつれて死亡率は低下し発育不良となる．母豚は泌乳の低下あるいは停止を起こし，哺乳豚の死亡を招く．

　常在型では，2 週齢以降の哺乳豚および離乳豚に下痢や嘔吐が認められるが，流行型に比較して症状は軽度である．

【診　断】

　発病初期の糞便を用いて免疫電子顕微鏡法によるウイルス粒子の観察，RT-PCR によるウイルス遺伝子の検出，CPK 細胞を用いたウイルス分離を行う．小腸材料を用いた蛍光抗体法や免疫組織化学染色も有用である．血清診断では，中和テストによって急性期と回復期のペア血清による抗体価の有意な上昇を確認する．類症鑑別すべき疾病として，豚流行性下痢，豚ロタウイルス感染症，大腸菌症があげられる．

【予防および治療】

　発症子豚に対しては保温対策を行う．予防として，母豚を免疫して乳汁免疫の誘導を目的とした母豚用生ワクチンあるいは不活化ワクチンの接種を行う．飼養衛生管理を万全にし，流行期には豚の導入を避け，導入後に一定期間の隔離飼育を行う．

3. 豚流行性下痢

【病態および原因】

　豚流行性下痢（porcine epidemic diarrhea, PED）は PED ウイルスの感染による水様性下痢を主徴とする急性疾患で，届出伝染病に指定されている．本病の発生形態は多様であり，発病率や致死率は農場

36   第4章　豚と羊，山羊の消化器疾患

や発生によって様々であるが，哺乳豚を含む発生で新生豚の致死率が高い．発生は冬期を主体に1月〜5月に集中する．PEDは，TGEとともに養豚業を脅かす重要疾病であるが，豚群内での伝播はTGEに比較して遅い．

【症　状】

1〜3日の潜伏期間を経て水様性下痢が発生する．哺乳豚では嘔吐および水様性下痢がみられ，特に10日齢以下では黄色水様性の下痢を呈して，急速に脱水し体重が急減する．発病後3〜4日以内に死亡し，致死率は50％前後である．育成豚や肥育豚では，食欲減退と元気消失，水様性下痢がみられるが，1週間程度で回復し，死亡することは少ない．繁殖豚では食欲減退，発熱が認められ，母子ともに下痢を呈する場合もある．泌乳の低下・停止により哺乳豚の病状を悪化させる．

【診　断】

発病初期の糞便を用いて免疫電子顕微鏡法によるウイルス粒子の観察，RT-PCRによるウイルス遺伝子の検出，Vero細胞を用いたウイルス分離を行う．小腸材料を用いた経口抗体法や免疫組織化学染色も有用な診断法である．血清診断では，中和テストによって急性期と回復期のペア血清による抗体価の上昇を確認する．類症鑑別すべき疾患として，TGE，豚ロタウイルス病，大腸菌症があげられる．

【予防および治療】

発症子豚に対する対症療法として，補液（経口・腹腔内注射）を行う．また，ウイルスを農場に侵入させないバイオセキュリティが重要である．

4. 大腸菌症

【病態および原因】

大腸菌（*Escherichia coli*）の感染によって発生し，下痢症型（新生期下痢および離乳後下痢），腸管毒血症型（浮腫病，脳脊髄血管症），敗血症の病型に分けられる．本症は病型を問わず世界中の豚生産国で発生し，死亡や淘汰の原因となる．特に下痢は多発疾病の一つであり，子豚の育成上甚大な経済的損失をもたらす．

下痢症型：毒素原性大腸菌（enterotoxigenic *E. coli*，ETEC）が主因である．ETECは小腸粘膜に定着・増殖して外毒素（エンテロトキシン）を産生する．エンテロトキシンには易熱性（heat-labile enterotoxin，LT）と耐熱性（heat-stable enterotoxin，ST）があり，これらを単独あるいは同時に産生する菌株が存在する．下痢の成立には，小腸の粘膜上皮におけるETECの増殖が不可欠であり，粘膜への付着には付着因子と呼ばれる線毛構造のタンパク性抗原〔K88（F4），K99（F5），987P（F6），F41〕が関与する．

腸管毒血症型：腸管毒血症性大腸菌（enterotoxemic *E. coli*，ETEEC）と総称され，ベロ毒素（志賀毒素）Stx2eを産生することからベロ毒素産生性大腸菌（verotoxin-producing *E. coli*，VTEC）〔志賀毒素産生大腸菌（Shiga toxin-producing *E. coli*，STEC）〕に属する．付着因子はF18abであり，小腸，特に回腸に定着増殖して，腸管から吸収されたStx2eによって全身性の血栓形成を伴う微小血管およびリンパ管の循環障害を起こす．

【症　状】

下痢症型：早発性下痢（新生期下痢）は生後1〜2週の哺乳期前半に集中し，致死率は5〜20％である．遅発性下痢（離乳後下痢）は離乳後数日以内の子豚が罹患するが，致死率は概して低く，合併症がなければ5％以下である．どちらの下痢でも，最初は黄色の軟便の排泄に始まり，酸臭のある水様性

第 4 章　豚と羊，山羊の消化器疾患　　37

下痢便へと移行する．下痢の期間は通常 3 ～ 5 日間で，白色または灰黄色の粘稠な下痢便となり，いわゆる白痢（white scour）を呈する．下痢子豚は脱力感が目立ち，脱水と電解質異常をきたし，栄養状態が悪化して衰弱する．特に新生期下痢では 2 ～ 3 日の経過で敗血症に陥り，内毒素によるショックで死亡することがある．

　腸管毒血症型：浮腫病は 8 ～ 12 週齢の子豚に好発し，致死率は 60 ％以上に及ぶ．突然の沈うつ，食欲廃絶等の症状で始まり，後躯麻痺を呈してしばしば犬座姿勢をとり，全身の体表に浮腫が出現する．浮腫は顔面で目立ち，特に眼瞼周囲に顕著に出現して顔面は全体に腫れ上がった感じとなる．全身の間代性痙攣や呼吸促迫も認められ，発病後 48 時間以内に死亡する．浮腫病に耐過した子豚の一部は，歩様蹌踉，後躯麻痺，斜頚，眼球振盪，嚥下障害等の神経症状を示して起立不能となり，脳脊髄血管症となる．ETEEC の中には ST や LT 産生株があり，この場合，浮腫よりも下痢が認められる．

　敗血症型：急性で哺乳意欲消失，沈うつ，発熱，下痢が認められる．

【診　断】

　下痢症型：新鮮な十二指腸，空腸上部内容物を定量培養し，分離大腸菌の毒素産生性（ST や LT）や付着因子（K88，K99，987P，F41）の有無を PCR 等で確認する．

　腸管毒血症型：新鮮な小腸内容物を定量培養し，Stx2e 産生性やその遺伝子の検出を行う．

　敗血症型：各種臓器から菌分離を行う．

　類症鑑別すべき疾患として，豚ロタウイルス感染症，TGE，PED，サルモネラ症，オーエスキー病，レンサ球菌病，グレーサー病（ヘモフィルス・パラスイス症），豚コレラ，がある．

【予防および治療】

　大腸で生息する大腸菌が，離乳，急な温度変化，過換気，飼料の変更等によるストレスに伴う小腸内 pH や細菌叢バランスの変化によって小腸に上行し，定着・異常増殖することが誘因と考えられている．母豚や子豚の免疫状態も，大腸菌の小腸への定着・増殖を大きく左右する要因である．したがって，本症の予防のためには病原性大腸菌に対する対策を講じるとともに，小腸における菌の定着・増殖を防止することも重要である．すなわち，哺乳豚や離乳子豚の飼養環境，主として保温，離乳時期，人工乳への切り替え等に注意し，分娩舎・離乳舎の消毒やオールイン・オールアウトの実施が効果的である．初乳の十分な摂取は有効であり，母豚群の免疫状態を均一化するために母豚更新率が極端に高くならないよう計画的な導入を行う．

　抗菌薬による治療の際には，薬剤感受性とともに Stx の放出を抑える静菌性の薬剤を選択する．また，対症療法として経口補液行う．

5．豚赤痢

【病態および原因】

　Brachyspira hyodysenteriae による粘血下痢便を主徴とする急性または慢性の豚大腸疾患であり，届出伝染病に指定されている．主として体重 15 ～ 70 kg の肥育豚群に集団発生する．発生例の多くは保菌豚の導入が感染源となっている．経口感染で伝播は緩慢であるが，発病率は 80 ％に及ぶことがあり，一度発生すると常在化しやすい．

【症　状】

　潜伏期間は 1 ～ 2 週間と長く，粘稠性の血便によって発見されるが，血便の程度は肉眼で識別できるものから，潜血反応によって初めて確認できるものまで様々である．重篤な例では極度の脱水と貧血

38 　第4章　豚と羊，山羊の消化器疾患

によって死亡する．食欲は減退ないし廃絶するが飲水量は増加する．一般に軟便から下痢便に進行し，粘稠な粘液が混入し，出血がみられ，剥離・脱落した上皮細胞の混入がみられるようになる．下痢は，一般に5～10日間持続する．

【診　断】

迅速診断として，感染豚の腸内容物あるいは糞便材料の暗視野鏡検法によって大型のらせん菌を観察する．確定診断には，下痢便または粘膜病変部から菌分離を行う．PCRは，診断に有用である．

【予防および治療】

罹患豚との接触を防止し，オールイン・オールアウト方式を取り入れた飼養環境の改善を行う．有効な抗菌薬として，リンコマイリン，チアムリン，テルデカマイシン，カルバドックスが認可されている．

6.　コクシジウム症

【病態および原因】

Isospora suis, *Eimeria scabra*，あるいは *E. debliecki* による原虫感染症で，小腸を主な寄生部位とする．*I. suis* の病原性が最も重要である．

【症　状】

離乳後の幼豚での発生が多く，一過性の下痢を起こす．便はペースト状から液状である．重篤な感染の場合には激しい下痢を呈し，他の病原体との混合感染により病状が悪化する．成豚が感染してもほとんど発症しない．

【診　断】

糞便検査によるオーシストの検出を行うが，*I. suis* では下痢を発症し子豚でもオーシストの検出率が低く，診断が困難な場合が多い．

【治　療】

サルファ剤またはトルトラズリルが有効である．

【予　防】

豚舎の徹底した清掃と消毒，ならびにオールイン・オールアウトが重要である．

7.　消化管内線虫症

【病態，原因および症状】

地域，飼養形態もしくは管理システムによって程度は異なるが，消化管内線虫の感染は豚の生産性を妨げる抑制因子となる．近年，閉鎖式の飼養形態が増加する中で寄生虫による消化器疾病の発生頻度は減少したが，今なお，広く感染しているものもある．豚回虫（*Acraris suum*），豚腸結節虫（*Oesophagostomum dentatum*），豚鞭虫（*Trichuris suis*）等は，現在も重要な寄生虫である．また，豚糞線虫（*Strongyloides ransomi*）は初乳を介して新生子豚に感染し，高い致死率を示す．

回虫症：年齢抵抗性が存在するため，6ヵ月齢以下の幼獣に高度な感染が認められ，症状も激しく現れる．成獣では寄生率は低く，症状もきわめて軽度である．幼獣に成虫が重度感染すると，食欲不振，発育不良，粘膜蒼白，下痢，嘔吐が認められる．また，感染初期の幼虫の体内移行による寄生性肺炎（発熱，咳，呼吸困難）や胆管迷入による肝機能障害を生じることがある．

腸結節虫症：成豚に寄生が多いが，軽度寄生では症状は明らかではない．幼豚では重度寄生によってしばしば食欲不振，削痩，貧血，悪臭のある下痢等の症状が現れる．

鞭虫症：全年齢に鞭虫の寄生を認めるが，症状を発するのは幼齢あるいは老齢の豚であり，重度寄生で慢性下痢，特に粘血液下痢，食欲不振，発育不良（幼豚），脱水，削痩，粘膜蒼白がみられる．

糞線虫症：幼獣で重度寄生した場合に症状が顕著となる．病豚は可視粘膜蒼白で，元気なく，食欲不振となり，急性腸炎による下痢が必発し，血液・粘液性から白痢性の下痢が頻発する．削痩し，死亡することもある．感染初期には，腹部，頚部，肩部に表層性皮膚炎が認められる．

【診　断】

稟告と臨床症状，ならびに虫卵検査によって診断を行う．

【治　療】

駆虫（フルベンダゾール，パーベンダゾール，イベルメクチン，ドラメクチン等）を行う．

【予　防】

飼育環境の衛生管理に努め，糞便が堆積しないようにする．また，近年，繁殖に供する雌豚を主な対象とした計画的駆虫プログラム（The North Carolina Swine Parasite Control Program）も提案されているため，これに則り予防を実施する．

4-2　羊，山羊の消化器疾患【アドバンスト】

到達目標：羊，山羊の消化器疾患の分類，病態，原因，症状，診断法，治療法および予防法を説明できる．
キーワード：コクシジウム症，消化管内線虫

1. コクシジウム症

【病態および原因】

羊では *Eimeria ahsata* や *E. ovinoidalis*，山羊では *E. arloingi*，*E. christenseni*，*E. ninakohlyakimovae* を主とする原虫感染症である．主な寄生部位は小腸であり，出血斑や粘膜剥離等の病変を生じる．

【症　状】

幼獣が感染しやすい．急激な下痢，粘血便の排泄，貧血，食欲減退がみられる．2〜3週間で回復し，再感染しても発症はしない．

【診　断】

糞便検査によるオーシストの検出を行う．

【治　療】

スルファジメトキシンを3〜5日間投与する．

【予　防】

集団飼育の幼獣の発生予防には，アンプロリウムを飼料に混ぜ4〜5日間連用を1クールとして1週間間隔で投与する．

2. 消化管内線虫症

【病態，原因および症状】

羊や山羊の消化管内線虫は種類が多く，しばしば胃腸の炎症性障害〔寄生虫性胃腸炎（parasitic

gastroenteritis）を引き起こす．これらの線虫種は複数種が混合寄生するため，臨床上は線虫ごとの疾病として発生することは少ない．羊および山羊では *Haemonchus* 属，*Teladorsagia* 属，*Trichostrongylus*（毛様線虫）属ならびに *Nemotodirus*（ネマトジルス）属等が消化管寄生線虫症の代表的寄生線虫である．一般に，雌や幼齢の個体では成雄や去勢個体に比較して消化管寄生線虫への感受性が高く，羊では牛に比べて寄生虫の多数寄生による病原性に対する抵抗性が低い．さらに，羊では豚と同様に分娩の2週前〜12週後までの間に糞便中の線虫卵排泄が増加（periparturient rise，PPR）するが，山羊では限定的である．

一方，*Oesophagostomum* 属は子羊に重篤な消化器疾患を起こす線虫として知られている．

消化管内線虫症：亜臨床的な感染状態での生産性損失が最も重要であり．臨床症状としては食欲不振，下痢，体重減少，低タンパク血症，軽度貧血，下顎部の浮腫等がみられる．すなわち，第四胃の塩酸分泌細胞は未分化細胞に置き換わって粘膜は肥厚し，細胞が破壊され，高分子成分の透過性の異常が起こる．この変化は寄生を受けた胃腺だけでなく，周囲の胃腺でも起こる．胃液の pH 上昇の結果，ペプシノーゲンがペプシンへと活性化できずタンパク質消化が損なわれ，血漿中ペプシノーゲン濃度が増加する．殺菌作用も損なわれるため，細菌数の増加が認められる．低アルブミン血症により高分子の透過性が高まり，第四胃内へ血漿アルブミンが漏出する．タンパク損失は電解質の損失も伴い症状を悪化させ，これが持続すると浮腫に進行する．線虫類は寄生によって様々な抗原物質を放出するため，寄生部位に限局することなく広範な炎症を起こす．さらに，宿主の養分を利用するため，寄生数が多い場合に宿主の養分が横取りされ，低栄養状態になる．

子羊の腸結節虫症：コロンビア腸結節虫（*Oesophagostomum columbianum*）の寄生によって起こり，子羊が最も罹患しやすい．重度感染すれば 1 〜 2 週間後に下痢し，粘血便を排し，後肢伸長，背弯および腹痛を特徴とする腸結節虫症に特異の姿勢を示す．病羊は食欲不振となり，貧血，衰弱し，被毛粗剛，限局的な脱毛を呈する．粘膜は蒼白となり，下顎部または前胸部に浮腫が現れ，虚脱する．しばしば腸重積の継発や幼虫による腹膜炎を併発することがある．

【診　断】

一般に消化管寄生線虫症の診断は，糞便検査による虫卵の検出が基本となる．

【治　療】

駆虫（レバミゾール，チアベンダゾール，イベルメクチンの投与）を行う．

【予　防】

計画的かつ定期的な駆虫と適切な放牧地の管理を行い，寄生虫への曝露機会と寄生数を減少させることが必要である．屋内飼育では，糞便を堆積させないようにする等，衛生管理を徹底する．

《演習問題》（「正答と解説」は 151 頁）

問 1. 哺乳期前半の子豚に水様性下痢を発症させ，致死率が 50％以上の消化器疾患として正しい組合せ（①〜⑤）はどれか．

a. 胃潰瘍

b. 伝染性胃腸炎

c. 豚流行性下痢

d. 大腸菌症

e. 豚赤痢

①a，b　　②b，c　　③c，d　　④d，e　　⑤a，e

第 4 章　豚と羊，山羊の消化器疾患　　41

問 2. 羊の消化管内線虫症に関して正しい記述はどれか．

a. 下顎部の浮腫は心機能の低下に起因する．

b. periparturient rise（PPR）がある．

c. 複数種の寄生虫が混合感染することはまれである．

d. 　去勢個体は消化管内線虫に対する感受性が高い．

e. 寄生虫への曝露機会を増すことで順化させ，発症を予防する．

第5章 肝臓・胆道・膵臓の疾患

一般目標：牛の肝臓・胆道・膵臓疾患の病態，原因，症状，診断法，治療法および予防法を理解する．

5-1 肝 炎

到達目標：肝炎の病態，原因，症状，診断法，治療法および予防法を説明できる．
キーワード：エンドトキシン，黄疸，ビリルビン

【病態および原因】

　肝細胞の障害によって炎症細胞や線維性細胞が浸潤する状態を肝炎（hepatitis）と呼び，病勢によって急性と慢性に分類される．マイコトキシンや有毒植物，内因性の**エンドトキシン**（細菌毒素），無機物，有機化合物，医薬品，寄生虫病によって引き起こされる．

【症状および診断】

　急性例は，食欲廃絶，**黄疸**，第一胃運動減退および肝臓域の打診痛を呈し，興奮や昏睡の神経症状，光線過敏症，出血傾向を示す例がある．血液検査では血清 AST と GGT の活性上昇，**ビリルビン**量の増加，BSP 試験の延長，アンモニア濃度の増加を示し，肝細胞の壊死と網状構造の破壊，線維増生の病変が認められる．

　慢性例では，食欲不振，軽度の黄疸，肝臓域の打診痛，削痩を呈する．血液検査では急性例に比べて軽度な変化を示し，細胞浸潤と小葉周辺の細胞の脱落，結合織の増生の病変が認められる．

【治 療】

　原因の除去と再生能の促進を目的とした肝庇護剤（グルコース，アミノ酸製剤，利胆剤）の輸液や抗炎症薬（コルチコステロイド）等の薬物療法である．

5-2 脂肪肝

到達目標：脂肪肝の病態，原因，症状，診断法，治療法および予防法を説明できる．
キーワード：肝リピドーシス，肥満牛症候群，fat cow syndrome，肥満，NEFA，FFA，総ケトン体，
　　　　　　BCS

【病態および原因】

　肝臓に脂質成分が蓄積した状態を**肝リピドーシス**（hepatic lipidosis）と呼び，牛や馬の病態は，中性脂肪（TG）が過剰に蓄積した脂肪肝である．

　乳牛の脂肪肝は**肥満牛症候群**（**fat cow syndrome**）の主な病態であり，周産期病（胎盤停滞，乳熱，ケトーシス，第四胃変位，乳房炎）の誘因となる．その原因は，分娩前後の飼料摂取不足，ストレス，泌乳初期の負のエネルギーバランスであり，妊娠後期に**肥満**した牛は脂肪肝になるリスクが高い．

第 5 章　肝臓・胆道・膵臓の疾患　　43

【症状および診断】

食欲廃絶，第一胃運動減退，乳量低下およびⅡ型ケトーシスを呈してケトン臭，ケトン尿・乳症，高脂肪乳を示して周産期病を併発する例が多く，重症例では黄疸を示す．

血液検査では，低血糖，非エステル化脂肪酸（**NEFA**）〔遊離脂肪酸（**FFA**）〕，**総ケトン体**〔特に，β-ヒドロキシ酪酸（BHB）〕およびビリルビン量の増加，AST と GGT 活性値の上昇，インスリン抵抗性と，ApoB-100 濃度の低下を示す．

肝生検で得られたサンプル中の TG 定量または組織学的検査により確定診断できる．

【治　療】

メチオニン製剤を加えたグルコースやインスリン非依存性の糖（キシリトール，果糖，マルトース）の輸液，およびプロピレングリコールやグリセロールの経口投与，ルーメンバイパスコリンの飼料添加が有効である．

【予　防】

妊娠末期における**肥満**と乾物摂取量（DMI）不足の防止，乾乳期における **BCS**（ボディコンディションスコア）3.50 ± 0.25 の保持，プロピレングリコールやグリセロールの経口投与，ルーメンバイパスコリン・アミノ酸の飼料添加が予防法となる．

5-3　肝膿瘍

> **到達目標**：肝膿瘍の病態，原因，症状，診断法，治療法および予防法を説明できる．
> **キーワード**：肥育牛，壊死桿菌，*Fusobacterium necrophorum*，第一胃炎，臍静脈炎，子牛

【病態および原因】

化膿菌の感染によって肝臓に孤立性または伝播性・多発性の膿瘍を形成した状態を肝膿瘍（liver abscess）と呼び，**肥育牛**に多発する．原因菌は主に**壊死桿菌**（*Fusobacterium necrophorum*）であり，**第一胃炎**等の病変から門脈系に細菌が侵入して肝臓内に化膿巣を形成する．また，胆管炎あるいは肝蛭寄生による胆道を介する上行性感染や子牛の**臍静脈炎**の例でも散見される．

【症状および診断】

孤立性肝膿瘍では無症状であるが，多発性膿瘍では，進行性の削痩と発熱，肝臓の打診痛（右側背 1/3）を呈し，超音波検査による診断が有効である．

血液検査では，好中球数の増数に伴う白血球数の増数，総タンパク量の増加，血清アルブミンの低下とグロブリンの増加に伴う A/G 比の低下，血清 AST と GGT の活性上昇が認められる．

【治　療】

初期には抗菌薬によって治癒する可能性があるが，根治的な治療法はない．

【予　防】

第一胃炎等の化膿性疾患と**臍静脈炎**（**子牛**）の防止，抗菌薬の飼料添加が有効である．

44 第5章 肝臓・胆道・膵臓の疾患

5-4 その他の肝臓疾患

> **到達目標**：その他の肝臓疾患の病態，原因，症状，診断法，治療法および予防法を説明できる．
> **キーワード**：肝線維症，肝硬変，肝蛭症

1. 肝線維症

【病態および原因】

肝線維症（hepatic fibrosis）は，肝小葉間質における結合組織の増生，および偽胆管と肝線維芽細胞の形成を伴う高度の肝小葉の萎縮ないし消失を呈する肝臓病である．四塩化炭素の投与による実験的発生と肝吸虫や槍形吸虫，肝蛭症等の寄生虫感染が原因である．一過性の肝障害では線維化を残さずに治癒するが，線維化がさらに進行すると肝小葉構造の改築が進み，やがて肝硬変や肝癌に移行する．家畜における肝硬変と肝癌の発症はまれである．

【症状および診断】

可視粘膜の重度の黄疸，発熱，心拍数の増数，食欲減退，活気減少および倦怠感を示し，光線過敏症と全身の瘙痒感と興奮症状を呈する例もある．超音波検査で肝臓は不規則な高エコー像を示す．

血液検査では，血清 GGT 活性値の著増とビリルビン量の増加が特徴的であり，肝生検では，肝小葉の萎縮と門脈域における結合組織増生と偽胆管の形成の病変が確認される．

【治　療】

肝線維の主成分であるコラーゲンの生成抑制と細胞障害に起因する炎症の抑制作用を有するデキサメサゾンの漸減療法が有効である．

2. 肝蛭症

【病態および原因】

肝蛭症（fasciolosis）は，*Fasciola hepatica* あるいは *F. gigantica* が肝臓の胆管に寄生して肝臓の線維化や肝硬変等の肝障害を起こす疾病である．

感染源は中間宿主（ヒメモノアラガイ，コシダカモノアラガイ）の体内で発育したセルカリアから草や稲等の茎葉で被嚢したメタセルカリアである．メタセルカリアは摂取されると小腸内で被嚢から脱出し，腸壁を穿孔して肝臓に侵入して胆管に寄生する．肝臓以外の子宮等の臓器に迷入することがある（異所寄生）．

【症状および診断】

急性または亜急性例では，元気沈衰と食欲減退，背弯姿勢，腹膜炎症状を示して削痩する．慢性例では，慢性の増殖性肝炎や胆管炎等に起因する進行性の削痩が著しい．

血液検査では好酸球数の増数，貧血，低アルブミンと高 γ-グロブリンに伴う A/G 比の低下，AST と GGT 活性値の上昇が認められ，組織検査では肝細胞の変性壊死と細胞浸潤，線維増生の病変が確認される．

糞便検査で肝蛭卵が検出できれば診断できる．

第 5 章　肝臓・胆道・膵臓の疾患　　45

【治　療】
　駆虫剤が有効であり，重症例に対しては対症療法が必要である．
【予　防】
　駆虫と感染経路の遮断である．

5-5　胆道疾患

> 到達目標：胆道疾患の病態，原因，症状，診断法，治療法および予防法を説明できる．
> キーワード：胆石症，胆管炎

1．胆石症

【病態および原因】
　胆管と胆嚢の結石，総胆管における総胆管結石症，肝内胆管における肝結石症を総称して**胆石症**（cholelithiasis）と呼ぶ．胆管の感染・炎症，胆汁停滞，胆汁形成の変化および異物等によって引き起こされる．胆石の組成はビリルビンや胆汁色素，コレステロール等であり，ナトリウム塩から形成されている．

【症状および診断】
　馬では間欠的な疝痛と発熱，黄疸，牛では食欲不振と便秘・下痢，第一胃鼓脹症，黄疸を示す．血液検査では，肝臓逸脱酵素の上昇，総ビリルビン（主に抱合型）と胆汁酸の増加，好中球数の増数，フィブリノーゲン量の増加が認められる．肝臓の超音波検査は診断上有用である．

【治　療】
　胆汁閉塞からの解放，肝炎の管理，合併症への対応が原則であり，副交感神経遮断薬や胆石溶解剤，副腎皮質ホルモンの投与が期待できる．重症例に対しては胆嚢の切開や洗浄の外科的手術が必要である．

2．胆管炎

【病態および原因】
　脂肪壊死症や**胆石症**，肝蛭症，肝膿瘍，肝腫瘍，胆嚢炎に継発して**胆管炎**が起こることがあるが，牛ではまれである．

【症状および診断】
　発熱，黄疸，食欲不振および第一胃運動減退を示し，慢性例では削痩を呈する．重症例では，AST とGGT 活性値の上昇，抱合型ビリルビン量の増加，α-グロブリンの著増の血液変化が認められる．超音波検査で胆嚢の拡張と壁の肥厚，肝内胆管の肥厚と増生，胆管内異物が観察される．

【治　療】
　胆管排泄性の抗菌薬の投与．

46   第 5 章　肝臓・胆道・膵臓の疾患

5-6　膵　炎

到達目標：膵炎の病態，原因，症状，診断法，治療法および予防法を説明できる.
キーワード：膵炎，アミラーゼ，リパーゼ

【原　因】

膵炎（pancreatitis）の原因は，寄生虫の移行，細菌・ウイルス感染，免疫感作性の損傷，胆管・膵管の炎症，ビタミン E・A 不足である.

【症状および診断】

中等度〜重度の疝痛，循環血液量減少性ショック，心臓血管異常を示す.

血液検査では，高インスリンによる低血糖と低カルシウム血症，アミラーゼ・リパーゼの活性上昇を示す.

【治　療】

鎮痛剤と膵液分泌抑制剤（シメチジン）の投与や対症療法を行う.

≪演習問題≫ （「正答と解説」は 151 頁）

問 1. 肝疾患で誤りはどれか.

　a. 肝炎では，黄疸，高ビリルビン血症を示す.

　b. 肝膿瘍の原因は，第一胃炎から門脈系への細菌侵入である.

　c. 子牛の肝膿瘍の要因は，臍動脈炎である.

　d. 肝膿瘍では，血清 γ - グロブリン量が増加する.

　e. 肝蛭症の中間宿主は，ヒメモノアラガイとコシダカモノアラガイである.

問 2. 脂肪肝についての記載で誤りはどれか.

　a. 要因は，乾乳期における肥満である.

　b. 肝細胞内のリン脂質が増加する.

　c. ケトン体（β - ヒドロキシ酪酸：BHB）と非エステル化脂肪酸（NEFA）が増加する.

　d. 主な治療法は，グルコースの輸液である.

　e. 牛乳中の脂肪率が増加する.

第6章　泌尿器疾患

一般目標：牛の泌尿器疾患の病態，原因，症状，診断法，治療法および予防法を理解する．

6-1　腎　炎

到達目標：腎炎の分類，病態，原因，症状，診断法，治療法および予防法を説明できる．
キーワード：腎盂腎炎，化膿性腎炎，アミロイドネフローゼ

1. 腎盂腎炎

【病　態】

包皮や外陰部に生息する菌が，ストレスが引き金となって上行性に感染する．膀胱炎，腎盂炎，**腎盂腎炎**（pyelonephritis）の順に影響が広がることが多い．

【原　因】

細菌（牛では *Corynebacterium renale* が主）の尿路感染に起因する．

【症　状】

膀胱炎では，頻回排尿，血尿が認められることが多いが，全身症状を伴うことはまれである．

【治　療】

炎症が上行性に波及するにつれ，発熱，食欲低下，元気沈衰等の全身症状を呈する．腎臓排泄型の抗菌薬（セフェム系，ニューキノロン系）の全身投与が有効である．

2. 化膿性腎炎

【病態および原因】

上行性または下行性に腎臓に細菌感染が侵攻し，腎臓に膿瘍を形成する．敗血症や菌血症の二次病変として，あるいは尿道炎や膀胱炎等からの上行性二次病変として生じる．

【症　状】

化膿性腎炎（purulent nephritis）の初期症状は基礎疾患に依存するが，頻回貧尿，乏尿，膿尿等が発現してくる．両側性の場合には，尿毒症を呈する．

【治　療】

大量の抗菌薬を長期間投与することによって原因菌の除去が可能である場合もあるが，治療効果の判定は腎機能の回復の程度を考慮しなければならない．膿瘍病変が消失しても，腎機能が回復しなければ畜産物としての価値はない．

3. アミロイドネフローゼ

【病態，原因および症状】

アミロイドネフローゼ（amyloid nephrosis）は，全身性アミロイド症において，腎臓の糸球体や尿細管等にアミロイド沈着が生じることによって発症する．アミロイド沈着によって，血中のアルブミンが尿中へ漏出して著しいタンパク尿および低タンパク血症を呈する．低アルブミン血症による血液浸透圧低下により，血中の水分が血管外に漏出し，組織では冷静浮腫が生じる．また，腸管管腔への水分漏出によって，水様性下痢が生じる．

【診　断】

臨床症状と臨床病理学的所見によって，診断および類症鑑別が可能である．

【治　療】

ステロイド剤投与によって，症状の進行を遅らせることはできるが，腎臓にまで及ぶアミロイドの沈着を根治させることはできない．

6-2　腎不全

到達目標：腎不全の病態，原因，症状，診断法，治療法および予防法を説明できる．
キーワード：水腎症，レプトスピラ症

腎不全（renal failure）とは，何らかの原因によって腎機能が低下した状態の総称である．臨床病理学的には，血中尿素窒素（BUN）やクレアチニンが持続的に上昇し，電解質バランスも崩れる．造血因子の生成不能によって，貧血を呈することもある．

1. 水腎症

【病態および原因】

水腎症（hydronephrosis）とは，様々な原因によって腎盂より下部の尿路が閉塞あるいは狭窄し，排尿が妨げられることによって尿が腎盂や腎杯にたまり拡張した状態をいう．腎実質は徐々に圧迫されて萎縮するために，腎機能の低下をきたす．片側性の場合には正常な方の腎臓が代償するため，腎機能低下等の症状は現れにくい．

【症　状】

長時間の排尿姿勢の保持や頻尿，頻回貧尿等が主徴であり，進行とともに尿毒症所見が認められるようになる．血尿や膿尿が認められることはまれである．

【診　断】

直腸検査等によって腫大した腎臓の触知が可能であり，超音波検査によって水腎を確認する．

【治　療】

治療の基本は，排尿障害となっている基礎疾患の排除である．形成された病変が不可逆性であり，腎機能の回復が期待できなければ，予後不良である．

第 6 章　泌尿器疾患　　49

2. レプトスピラ症《届出伝染病》

【病態および原因】

レプトスピラ症（leptospirosis）は病原性のレプトスピラ菌（*Leptospira interrogans* 等）の感染によって生じる．この菌は，腎臓の尿細管に局在し尿中に排菌される．菌によって汚染された敷料，床等から皮膚粘膜を経て動物に感染する．げっ歯類は自然宿主と考えられており，伝播に重要な役割を担っている．

【症　状】

初期には，牛も豚も軽度に発熱し，元気や食欲が低下する．牛では，症状の進行とともに黄疸，暗赤色から黒色の血色素尿を呈するようになる．豚では，血色素尿は著明ではない．妊娠動物では流死産することがあり，胎子や胎盤の感染性は高い．

【治療および予防】

抗菌薬による治療が有効であり，ストレプトマイシン，ゲンタマイシン，テトラサイクリン等が用いられる．ネズミ等のげっ歯類や野生動物の畜舎への侵入阻止は，本症予防における重要点である．

6-3　膀胱疾患

> 到達目標：膀胱疾患の病態，原因，症状，診断法，治療法および予防法を説明できる．
> キーワード：膀胱炎，腫瘍性血尿症

1. 膀胱炎

【病態および原因】

膀胱炎（cystitis）は膀胱粘膜に生じる炎症で，細菌の上行性感染に起因することが多い．

【症　状】

軽症例では，尿が混濁するのみで全身症状を呈することはない．炎症の進行とともに，排尿動作が頻回となるが頻尿，発熱，元気沈衰，食欲減退等の症状が現れる．

【診　断】

尿沈渣に細菌および白血球等の炎症性細胞が確認できれば，膀胱炎と診断することは可能である．診断に際しては，腟内あるいは包皮内のそれらと区別するために，膀胱内尿について検査することが望ましい．

【治　療】

軽症であれば，利尿作用を促して膀胱内容の排出を活発にさせる．重度細菌感染が疑われる場合には，ペニシリン・ストレプトマイシン合剤やアンピシリン製剤を投与する．

2. 腫瘍性血尿症（ワラビ中毒）〔第 11 章「11-1-1. ワラビ中毒（腫瘍性血尿症）」参照〕

【病態および原因】

腫瘍性血尿症（neoplastic hematuria）〔（ワラビ中毒（bracken poisoning）〕は牛や羊に認められる慢性血尿症で，ワラビを長期間摂取することによって膀胱粘膜に腫瘍性病変が形成され，膀胱出血を生じ

50　　　　第 6 章　泌尿器疾患

る．ワラビ中に含まれる発癌物質プタキロシドが原因と考えられる．この物質には造血機能を抑制する作用もあり，急性中毒では，血小板減少症に起因する出血素因も加わり血尿の程度が進行する．

【症　状】

初期症状は，間欠的な血尿の排出である．血尿に血餅を混じることもある．進行とともに慢性貧血を呈し，削痩する．

【治　療】

ワラビの摂食を中止させ，造血機能を促す．腫瘍が大きくなって，症状も重篤化すると根治は困難で，予後も悪い．

6-4　尿路疾患

> **到達目標**：尿路疾患の病態，原因，症状，診断法，治療法および予防法を説明できる．
> **キーワード**：尿石症，去勢雄，尿路閉塞症

1．尿石症

【病態および原因】

尿石症（urolithiasis）は去勢雄（castrate）牛に多くみられる代謝性疾患であり，腎臓や膀胱で形成された結石は，腎臓内や膀胱内にとどまる場合は無症状で経過することもあるが，尿管や尿道に移動すると尿路の閉塞性障害を引き起こす．反芻獣で治療対象となる尿路閉塞症（urinary tract obstruction）は，尿道閉塞が多い．

去勢時期が早すぎると，外部生殖器や尿道の発育が不十分となり尿道の閉塞が起きやすくなる．さらに離乳失宜や濃厚飼料多給等の無理な肥育によって，尿の pH が強アルカリに傾くとリンやマグネシウム等のミネラルが結晶化しやすくなる．尿性状の異常が継続すると，結晶が凝集して結石を形成し，未成熟な尿道に詰まって尿路閉塞症を誘発する．

【症　状】

初期の症状として，包皮の先端の被毛に砂粒状の白い付着物が認められる．尿淋瀝を示し排尿痛を示すようになり，尿道破裂すると，包皮周囲から下腹部の浮腫が生じ，排尿が停止する．膀胱破裂を併発すると，急性腹症および尿毒症を呈する．

【治　療】

結石を形成する前であれば，尿性状を正常に復すれば，結晶は融解する．塩化アンモニウムの経口投与が有効であるが，長期間投与し続けるとアシドーシスを誘発するので，飼料組成の変更と並行して実施する．外科的アプローチによって結石除去が可能なこともあるが，閉塞部位は陰茎の S 字状部位であることが多いので，結石除去困難な場合が多い．会陰部尿道を切開して，人工尿道を形成して排尿させることも有効である．

《演習問題》（「正答と解説」は 151 頁）

問 1. 腎不全の臨床病理学的所見で誤りはどれか．
　a. 膿尿となる．

b. 血中尿素窒素（BUN）が上昇する.

c. 血中クレアチニンが上昇する.

d. 電解質バランスの異常が認められる.

e. 末期には貧血を生じる.

問 2. 去勢雄牛の尿石症の原因として<u>誤り</u>はどれか.

a. 早期去勢

b. 離乳失宜

c. 濃厚飼料多給

d. 尿アルカリ化過剰

e. ビタミン A 過剰

第7章　代謝・栄養性疾患

一般目標：産業動物の代謝・栄養性疾患の病態，原因，症状，診断法，治療法および予防法を説明できる．

7-1　ミネラル代謝性疾患

到達目標：ミネラル代謝性疾患の病態，原因，症状，診断法，治療法および予防法を説明できる．
キーワード：乳熱，ダウナー牛症候群，くる病，骨軟化症，グラステタニー，輸送テタニー

1. 乳　熱

【病　態】

乳熱（milk fever）による分娩乳牛における無熱性の起立不能症は，産褥麻痺（parturient paresis）あるいは分娩性低カルシウム血症（parturient hypocalcemia）とも呼ばれている．乳熱の発生率は分娩乳牛の10～30％である．罹患牛の70～80％はCa投与により起立するが，残り20～30％は治療後も症状が改善せず，ダウナー牛症候群へと移行する．

【原　因】

乳熱の原因は低カルシウム血症であり，これは分娩に伴う急激な乳中へのカルシウム（Ca）流出によって体内のCa貯蔵量が不足することに起因する．生体は血中Ca濃度の低下に対して骨や消化管からCaを動員して恒常性を保つが，一部の分娩乳牛ではCa恒常性が抑制され十分に機能せず，重度の低カルシウム血症に陥る．分娩乳牛においてCa恒常性を抑制する要因として，高齢，高泌乳能力，上皮小体ホルモンや1,25-dihydroxyvitamin D_3 の産生や反応性の低下，低マグネシウム血症や高リン血症，血液pHの増加，副腎皮質ホルモンやエストロジェンの過剰分泌等が知られている．

【症　状】

分娩後数日以内の発症が多い．典型的には低カルシウム血症の程度と進行によって段階的に推移するが，早期の治療によって症状は急速に改善する．治療の遅延や他疾患の併発があると，ダウナー牛症候群へ移行する．軽度の低カルシウム血症（5.5～7.5 mg/dL）は，多くは正常分娩した初乳の搾乳後に起こり，歯ぎしり，食欲不振，興奮，四肢筋肉の振戦，後肢のふらつき等の症状がみられる．中等度の低カルシウム血症（3.5～6.5 mg/dL）では，体温の低下，消化管運動の停止，呼吸数低下，四肢筋肉の弛緩麻痺を示し，伏臥または横臥して起立不能となる（図7-1）．重度の低カルシウム血症（3.5 mg/dL以下）では，脱力，元気沈衰して昏睡状態となり，

図7-1　乳熱．頸部を屈曲し頭部を腹部に寄せる特有の伏臥姿勢（乳熱姿勢）を呈している．

心拍動の微弱化，呼吸促迫やチアノーゼを呈する．このまま治療しなければ，瞳孔散大と対光反射の消失がみられ，数時間以内に死亡する．

【診　断】

　稟告，症状ならびに血液生化学検査によって診断される．高齢・高泌乳能力乳牛が分娩後に体温低下や筋弛緩等の症状を伴って起立不能となり，低カルシウム血症ならびに低リン血症を呈していれば本症と診断できる．血糖値は乳熱罹患牛では著しく上昇する．難産による閉鎖神経麻痺，急性乳房炎，産褥熱，ケトーシスや肥満牛症候群等との類症鑑別が必要である．

【治　療】

　25％ボログルコン酸Ca製剤500 mLの静脈内投与を行う．変法として，Ca投与量の増加あるいはリン（P）とマグネシウム（Mg）の供給源を含有するボログルコン酸Ca製剤の投与も行われる．その後12時間ごとに診察することを基本とし，起立しない場合には，本症以外の原因がないことを類症鑑別したうえでCa剤による治療を最大3回まで繰り返す．静脈以外の投与経路として，皮下投与も行われる．起立不能に対する看護も重要であり，長時間の起立不能による四肢の循環障害や褥創の防止処置として，敷藁を十分に敷いた牛床上で定期的寝返りや吊起を行う．

【予　防】

　乳熱の予防には乾乳期の飼養環境と餌の管理が不可欠であり，特に飼料分析，バンクマネージメント（飼槽管理），カウコンフォートならびにストレス軽減が重要である．これらの管理ポイントを踏まえ，以下のいずれかの予防方策が実施される．

　①乾乳後期の飼料中CaおよびPの制御：Ca摂取量40〜50 g/日，P摂取量40〜50 g/日．

　②乾乳後期の飼料中カチオンアニオンバランス（DCAD）調節：DCAD推奨値は，平衡式〔（Na＋K）－（Cl＋S）〕では−5 mEq/100gである．DCAD値は推奨値より高いので，塩化Ca，塩化アンモニウム，塩化Mg，硫酸Ca，硫酸Mg等の陰イオン塩を添加して推奨値に近づける．また，飼料中Ca含量を1.0〜1.2％に固定し，PおよびMg含量はどちらも0.4％，S含量は0.25〜0.4％，Na含量は0.1％，K含量は1.0％程度が理想である．

　③ビタミンD_3（VD_3）製剤の投与：高齢牛，高泌乳牛，乳熱罹歴牛に対し，分娩の約1週間前にVD_3 1,000万単位を1回筋肉内投与する．

　④分娩後のCa剤経口投与：分娩の半日前，直後，12時間後ならびに24時間後に，毎回Ca量として50〜125 gの経口Ca剤を投与する．

2. ダウナー牛症候群

【病　態】

　牛が伏臥すると体の下敷きになった側の後躯の骨，筋膜，骨格筋，神経は，自ら体重で圧迫され虚血状態になる．この状態が持続すると，後躯の組織に虚血性の変性壊死性変化が現れ，後肢の自発的可動が困難になる．このような体の一部の骨筋区画における内圧上昇とこれに伴う循環障害，筋や神経の機能障害は，コンパートメント症候群と呼ばれる．骨格筋の変性壊死性変化が広範囲かつ重篤であれば，筋肉の構成成分が大量に放出され，挫滅症候群と呼ばれる全身性の障害へと移行する．

【原　因】

　ダウナー牛症候群（downer cow syndrome）は，広義的には起立不能に陥った乳牛の病的状態を表す．しかし，疫学的にも低カルシウム血症がダウナー牛症候群の危険因子であることから，狭義的に，治療

後も起立しない乳熱罹患牛をダウナー牛症候群と呼称する．乳熱と同様に，分娩後数日以内の高泌乳牛に発生が多い．発生機序は，以下の 3 段階に分けて理解される．

　　第一次要因（原発性要因）：難産，乳房炎，起立行動時の滑走による運動器損傷等の併発症による起立不能の継続が要因となる．また，乳熱に対する Ca 治療が遅れ起立不能状態が長時間継続した場合も含まれる．

　　第二次要因：起立不能時，自らの体重によって後躯が圧迫損傷を受け，神経や骨格筋が虚血に陥る．

　　第三次要因：多くは起立不能以外に深刻な症状はないため，伏臥状態のまま匍匐前進することで後躯領域の筋断裂や靱帯損傷が起こり，恒久的な起立不能に陥る．

【症　状】
　前躯に異常はなく，後躯の筋肉が損傷，麻痺して脱力し，起立不能を呈する．牛の意識は明瞭で，元気，食欲は軽度に減少するが，消失することはない．体温は正常かやや高めで，心拍数が増加するものが多い．吊起すると，後肢のどちらか，または両方を負重することができず，腓骨神経麻痺の症状（球節の屈曲，ナックリング）を呈する．

【診　断】
　後躯の圧迫損傷の臨床診断は，起立不能の原因を類症鑑別することから始まる．直腸検査による骨盤の触診によって，骨盤骨折，大腿骨頚部骨折の捻髪音，リンパ腫等の確認が可能である．また，体表からの大腿骨大転子の触診によって，股関節脱臼を診断することができる．臨床病理学的には，ミオグロビン血症やミオグロビン尿症，血中の骨格筋由来酵素（AST，CK，LDH）活性値の著しい上昇が認められる．なお，意識障害が明らかな場合，乳熱，グラステタニー，ケトーシス，敗血症等との鑑別診断が必要である．

【治　療】
　牛を清潔で乾燥した敷藁が豊富な牛床上で伏臥させ，6 〜 8 時間間隔で寝返りをさせる．常時，飲水と採食が可能な状態を維持する．定期的に吊起し後躯麻痺の程度を評価するとともに，筋肉のマッサージを行う．また，可能であれば，吊起した状態で起立状態をしばらく保ち，自力で負重，歩行するよう仕向ける．食欲不振や飲水量が低下している症例には，輸液を行う．

【予　防】
　乳熱の予防に努め，罹患牛に対しては速やかに Ca 剤による治療を開始する．また，乳房炎や産褥熱等の併発症の発生にも注意を払う．スタンチョンでの分娩を避け，清潔で乾燥した単房で分娩させる．牛床はコンクリートのような硬く滑走しやすい素材のものは避け，理想的には砂の上に敷藁を豊富に敷いた状態が良いとされる．

3. くる病・骨軟化症

【病態および原因】
　くる病（rickets）は成長過程における骨端軟骨の閉鎖以前に発症した動物に，骨軟化症（osteomalacia）は成長した動物に対して用いられる病名であるが，どちらも骨質の組成異常（骨の石灰化障害のため骨塩の沈着しない類骨組織の過剰な増加）を示す病態を伴う，本質的には同一の疾患である．近年，飼料中の Ca と P 含量の不足，これらの不適当な比率，あるいはビタミン D（VD）の不足のいずれか，またはこれらの栄養性病因が重なって発症する一つの症候群としての考え方が定着している．

　くる病：P 含有欠乏地域では，子牛や子羊の発生例が報告されている．長期間にわたり舎飼された子

第7章　代謝・栄養性疾患　　55

牛では，紫外線の曝露量が少なく内因性の VD 産生が低下する VD 欠乏性のくる病が発生しやすい．若豚では集約管理の肥育期に飼料中の P の過剰摂取に VD や Ca 欠乏が加わって発生する．

　骨軟化症：泌乳や妊娠による Ca と P の需要増加と供給不足に起因する．

【症　状】

　くる病は牛では早ければ 2 ヵ月齢から認められ，3 ～ 5 ヵ月齢に最も多いが，8 ～ 12 ヵ月齢以上の肥育牛や分娩牛での発生もみられる．病変は特に長骨で顕著であり，X 線検査では骨端軟骨の幅の増大や骨端線の不規則化，骨端中央部の杯状陥凹と骨端部辺縁の開大，骨梁不明瞭化等の所見が認められる．骨軟化症は，成雌牛において泌乳最盛期や妊娠末期において発生がみられる．成雌豚では，長期間子豚を哺乳させた後に発生することが多い．X 線検査では，特に尾椎において顕著な骨密度の減少が認められる．

　症状は，病状の進行程度や動物の年齢，発育状態によって異なるが，通常，徐々に現れ，骨と関節の腫脹や疼痛，不整跛行，起立困難等の運動機能障害を特徴とする．子牛や子羊では前肢関節の腫大，手根関節の前方弯曲あるいは O 脚姿勢を示す．肋骨と肋軟骨の接合部は腫大（くる病念珠）し，病変部の骨の圧迫で疼痛を示す．成雌牛および成雌豚では歩行と起立を嫌い，歩様は短縮歩様および強拘歩様を示す．また，特定できない跛行，前肢の交差，飛節の内方への回転も認められる．

【診　断】

　飼料内容や飼育環境等の問診は重要である．臨床症状として，くる病では骨と関節の腫脹，姿勢の異常，栄養不良ならびにくる病念珠，骨軟化症では骨と関節の疼痛，疼痛性跛行，姿勢異常ならびに栄養不良の確認が必要である．血液生化学検査では，低リン血症や血清アルカリホスファターゼ（ALP）活性値の上昇が認められ，末期では血清 Ca 濃度の低下もみられる．骨と関節の X 線検査は，本症の診断に有用である．類症鑑別として，くる病では軟骨異栄養症，感染性多発関節炎，先天性前肢弯曲症および筋異栄養症と，骨軟症では変形性骨関節症，慢性鉛中毒，銅欠乏症およびマンガン欠乏症との鑑別が必要である．

【治療および予防】

　飼養管理の改善が重要である．牛や羊では，給与飼料中の Ca/P 含量比を 1.2 ～ 1.4 に調整する．子豚では可能な限り長期間母乳を与え，飼料については給与飼料中の Ca/P 含量比を 1.2 程度に調整する．なお，必要に応じて VD$_3$ を筋肉内に投与する．

4. グラステタニー

【病態および原因】

　反芻動物は Mg 代謝の異常を生じやすく，低マグネシウム血症に陥ると興奮や痙攣を特徴とするテタニー症状を呈する．グラステタニー（grass tetany）は，放牧中や泌乳中の乳用牛，肉用牛あるいは羊に発生する低マグネシウム血症を原因とし，別名，放牧テタニーや舎飼テタニーとも呼ばれる．

　正常な血中 Mg 濃度の維持には第一胃からの Mg 吸収が重要であり，その吸収は第一胃液中の Mg 溶解濃度と粘膜における能動輸送に依存する．放牧中は唾液分泌により第一胃液 pH は上昇し，Mg の溶解性は低下する．濃厚飼料を給餌して第一胃液 pH が 6.5 以下になると，Mg の溶解性が増加する．飼料中カリウム（K）含量が増加すると，Mg の吸収量は減少する．水分含量が高い牧草の採食により，Mg の吸収量は減少する．グラステタニーの発生は低温多湿の初春や秋期に発生が多く，特に早春では牧草がよく繁茂した牧野への放牧後 2 ～ 3 週間以内に発生する．牧草の化学組成では Mg 含量が乾物

量の 0.2 ％以下で，窒素と K 含量が多く，K / (Ca + Mg) 当量比が 1.8 ～ 2.2 以上の場合に発生率が増加する.

細胞外液中の Mg 濃度の低下によって神経筋接合部のアセチルコリン分泌が増加し，細胞内 ATPase 活性が低下して筋線維が持続的に収縮することでテタニー症状が発現する. 神経症状は，膜電位低下および膜透過性増加による神経細胞からの Mg 漏出ならびに脳脊髄液中の Mg 濃度の低下が関与して発現する. 一方，上皮小体ホルモンは標的器官において Mg イオンの存在下でアデニル酸シクラーゼを活性化するが，低マグネシウム血症では標的器官の PTH 応答が阻害されるため，低カルシウム血症になりやすい. 泌乳期には Mg が血液から乳汁へ移行する（約 0.15 g/L）が，これも血中 Mg 濃度の低下に影響を与える. 6 産以上の母牛における本症の発生率は，初産牛の 15 倍になるとの報告もある.

【症　状】

血中 Mg 濃度が 1.0 mg/dL 以下になると頭部，肩部，腹部筋肉の間欠的な振戦がみられ，その後，テタニー症状を呈して起立困難となる. 次いで，歯ぎしりや泡沫性流涎を呈して横臥し，末期には痙攣と後弓反張を伴って遊泳運動を示す. 心悸亢進，呼吸促迫，筋肉の激しい痙攣，体温の上昇がみられる. 典型的には，臨床症状は以下の 3 タイプに区分される.

甚急性型：突然頭を上げて吠え，盲目的に疾走して転倒し，間欠的な硬直性痙攣を繰り返して数時間以内に死亡する.

急性型：初期には元気がなく歩様のふらつきが認められ，次いで知覚鋭敏となる. 体表皮膚の振戦，眼球振盪，瞬膜露出，牙関緊急（咬筋の痙攣状態），歯ぎしり，間欠的硬直性痙攣を呈して横臥する.

慢性型：泌乳期にみられる. わずかな刺激によって興奮し，知覚過敏となって上唇，腹部および四肢の筋肉の振戦を示す. 歩様は強拘で後躯蹌踉を呈する. 重症例では起立不能，チアノーゼ，泡沫性流涎，水様性下痢，頻尿を呈する.

【診　断】

天候不順な初春や秋期に放牧中の牛や羊が痙攣等の神経症状を呈した場合，本症を疑う. 血中 Mg 濃度が 1.0 mg/dL 以下の場合には，本症と診断できる. しかし筋肉損傷による細胞内プールから Mg 流出によって血中 Mg 濃度が正常範囲を示すことがある. 血清 Ca 濃度の低下（7 mg/dL 前後）がみられ，血清中の Ca/Mg 比は 16.4 程度に上昇する（正常では 5.6 程度）. 破傷風，大脳皮質壊死症，神経型ケトーシス等との類症鑑別が必要である.

【治　療】

甚急性および急性型では，迅速な治療が必要である. 本症が疑われれば，成牛に 25 ％硫酸 Mg 溶液 100 ～ 200 mL を皮下投与（連日または隔日に 3 回）する. ボログルコン酸 Ca の静脈内投与（200 mL）の併用も有効である. 必要に応じて，同居動物に対しても予防的に治療を行う.

【予　防】

放牧の 1 ヵ月前から，放牧馴致を行う. 発生が予想される牧野には，放牧前から 2 週間間隔で硫酸 Mg を散布する. 人工草地には，窒素と K，特に K の施肥を抑えて Mg の散布を心がける. 同一牧野あるいは同一牛舎内で本症の発症があった場合には，早期に哺乳中の母牛に対して Mg 剤の皮下投与を行う.

5. 輸送テタニー

【病態および原因】

輸送テタニー（transit tetany）は，妊娠末期の牛や羊等が，長時間の輸送によって起立不能や昏睡等

の急性症状を呈する疾患であり，一般にその死亡率は高い．真因は不明であるが，物理的なストレスが引き金となって，低マグネシウム血症と低カルシウム血症を誘発すると考えられている．輸送前の過食，輸送中 24 時間以上の絶食や絶水，到着直後の過度の飲水と運動等が誘因として推定されている．

【症　状】

　グラステタニーの症状に類似し，初期には興奮，不安，歯ぎしり，痙攣がみられ，急激な体温上昇，呼吸速迫，心悸亢進や頻脈および後躯蹌踉の後，起立不能に陥る．病勢の進行に伴い，昏睡状態に陥る．

【診　断】

　妊娠末期の牛あるいは羊が，長時間輸送後に急性の起立不能に陥れば本疾患を疑う．低マグネシウム血症と低カルシウム血症が認められれば確定診断となる．低リン血症，血糖値と乳酸値の上昇，白血球数の増加もみられる．

【治　療】

　グラステタニーの治療に準じ，10％硫酸 Mg の皮下投与と 25％ボログルコン酸 Ca の静脈内投与を行う．症例を日陰で涼しく風通しが良い場所へ移動させ，発熱した例には冷流水を体表にかける等の体温を低下させる処置を行う．

【予　防】

　輸送前の数日間は減飼する．輸送中は換気を良好にし，十分な飼料と水を与える．

7-2　糖・脂質代謝疾患

> 到達目標：糖・脂質代謝疾患の病態，原因，症状，診断法，治療法および予防法を説明できる．
> キーワード：ケトーシス，羊の妊娠中毒

1．ケトーシス

【病態および原因】

ⅰ．糖代謝とケトン体の産生・利用

　飼料中の炭水化物は，第一胃で揮発性脂肪酸（VFA）となる．消化管から吸収されるグルコースは非常に少ない．このため生体維持に必要なグルコースは肝臓における糖新生に依存しており，この約半分は第一胃で吸収されたプロピオン酸から，残りは糖原生アミノ酸，乳酸あるいはグリセロールからの糖新生によって生成される．第一胃におけるプロピオン酸の産生量の低下は血糖値の低下につながり，ケトーシス（ketosis）の原因になる．泌乳初期の乳牛は負のエネルギー状態もあり，グルコース要求を体脂肪の分解により補っており，症状を欠く潜在性ケトーシスに陥りやすい．

　ケトン体は，アセトン，アセト酢酸および β - ヒドロキシ酪酸の総称であり，これらはアセチル CoA を基質として生成される．アセトンは揮発性で血中にはわずかしか存在せず，多くは呼気中に排泄される．牛のケトン体の産生部位は主に肝臓であるが，第一胃および第三胃壁ならびに乳腺でもケトン体の産生と放出がみられる．ケトン体は，体脂肪の分解亢進による非エステル化脂肪酸（NEFA）〔遊離脂肪酸（FFA）〕の肝臓への供給増大によって生成が増加する．牛では，肝臓における中性脂肪のリポタンパク合成や放出が少なく，ケトーシスと脂肪肝に陥りやすい．乳腺では，酢酸ならびに β - ヒドロキシ酪酸から乳脂質が合成される．

58   第7章 代謝・栄養性疾患

ii．発症原因

本症の発症原因は原発性と続発性に大別される．さらに，原発性は，低栄養性（飢餓性），食餌性，特発性ならびに神経型に細分される．

低栄養性（飢餓性）ケトーシス：泌乳牛，特に高泌乳牛において泌乳初期から泌乳最盛期にかけての乳牛はグルコースの要求量が非常に高いため，要求量に見合った量の飼料給与がない場合には，自らの体脂肪を分解してエネルギーを供給する必要が生じる．発症牛では肝臓のグリコーゲン量は顕著に低下し，脂質含量は明らかに増加する．血糖値の低下はインスリン分泌の低下とグルカゴン分泌の亢進を招き，結果としてケトン体の産生を増加させる．

食餌性ケトーシス：第一胃で産生される酢酸や酪酸，特に酪酸はその大部分が β-ヒドロキシ酪酸に変換されるため，これらの吸収が原因となる．また，ケトン原性の高い酪酸あるいは乳酸含量の高いサイレージの多給は本症の原因になる．高タンパク質飼料の給与も，第一胃内で酪酸の産生を増大させる．

特発性ケトーシス：通常，高泌乳牛に認められるもので，十分な要求量を満たす量の飼料の給与にもかかわらず，著しい乳汁合成の亢進に起因して発症する．

神経型ケトーシス：基本的には低栄養性と同様の機序で発生するが，ケトン体の増加により神経症状を発現する．神経症状は，ケトン体の分解産物であるプロパンジオールならびに低血糖により起こる．

続発性ケトーシス：他の周産期疾患に付随する場合の他，消化器障害，肝障害（脂肪酸の酸化過程の障害），肥満（脂肪分解が著しくケトン体の著明な産生増加），ミネラル欠乏（クエン酸回路や解糖系の補酵素として作用する物質の不足）に伴って発症するものも含む．

【症　状】

通常，3～5産目の高泌乳牛や分娩時に肥満した乳牛，分娩後2～4週の泌乳最盛期の乳牛に発生が多い．元気消失，明らかな食欲の減退が認められる．この食欲減退の様子として，最初は濃厚飼料，次いでサイレージの採食を拒むようになるが，乾草等の粗飼料の摂取は比較的維持される．乳量は低下し，乳汁中の乳糖や脂肪含量も低下する．多くの例では，急激な体重減少と削痩が認められる．被毛粗剛となり，皮下脂肪の減少によって皮膚の弾力性は低下する．体温，心拍数，呼吸数は，多くが正常範囲を示す．糞便は硬いことが多いが，下痢を示す例もある．また，呼気，乳汁あるいは尿にアセトン臭を認める．

神経型ケトーシスでは著しい神経症状（8～12時間ごとに，1～2時間持続）を伴い，流涎，舐癖，歯ぎしり，視力の消失，頭部下垂，歩様異常．開張，四肢の交差，旋回運動，狂騒，眼球振盪，嗜眠，知覚過敏を示す例もある．

【病態生理】

病態生理の観点から，Ⅰ型とⅡ型に分類される．Ⅰ型ケトーシスでは，血糖中のグルコースとインスリン濃度は低下し，NEFA（FFA）とケトン体濃度は増加する．この型では，糖源補給等の治療への反応は良好である．一方，Ⅱ型ケトーシスの多くは分娩後の早期に起こり，血清中のグルコースやインスリン濃度は高い．この病態は肥満牛に多発傾向があり，分娩前の急激な採食量の低下とエネルギー不足が誘因と考えられている．この型では，肝臓への脂肪蓄積（脂肪肝）は著しく，免疫機能の低下とともに耐糖能の低下等のインスリン抵抗性を示す．この型では糖補給に対する反応は鈍い．

【診　断】

分娩後の経過日数，飼養管理（急激な変更等），飼料内容（酪酸発酵を起こしやすい飼料，高タンパク質飼料），臨床経過等の稟告，基本的な臨床症状，ケトン体の検出（乳，尿，あるいは血液）から診

断が可能である．しかし，各種消化器疾患，循環器疾患，呼吸器疾患，内分泌・代謝疾患，神経疾患，泌乳生殖器疾患等との類症鑑別が必要である．

Ⅰ型ケトーシスでは血清中のグルコース濃度は一般に低値（20 ～ 40 mg/dL）を示し，中性脂肪，総コレステロール，リン脂質およびインスリン濃度も低下する．Ⅱ型ケトーシスでは，血清グルコース濃度は正常範囲内か高く，インスリン濃度も高値を示す．潜在性ケトーシスの血清中 β - ヒドロキシ酪酸濃度は 1.2 mmol/L 以上とされている．しかし，食餌性によっても β - ヒドロキシ酪酸濃度は同程度に達することがあるため，むしろアセト酢酸やアセトン濃度の方が病態とよく一致するとの見方もある．通常，血中のアセト酢酸濃度は β - ヒドロキシ酪酸の 1/10 ～ 1/4 であるが，血中では不安定なため即座に処理・測定する必要がある．

【治　療】

治療の基本は，糖質および糖因性物質の投与である．グルコース注射液をゆっくり静脈内に投与するとともに，必要に応じてビタミン B_1 およびインスリンを併用する．Ⅱ型のようなインスリン感受性が低下している症例には，インスリン非依存性のキシリトール注射液の点滴が有効である．糖新生の促進のためにグルココルチコイド（デキサメサゾン，プレドニゾロン）の皮下あるいは筋肉内投与，肝機能の回復のためにビタミン B 群，メチオニン，リジン，チオプロニン製剤の静脈内投与を行う．経口投与による糖源補給として，グリセリンやプロピレングリコールが用いられる．

【予　防】

分娩前の肥満防止，飼槽や牛群管理の改善によって分娩後の十分な採食量を確保する．エネルギー補給の面からグリセリンやプロピレングリコールの経口投与，糖脂質代謝改善の観点からバイパス化したコリンやナイアシンの飼料添加が行われる．

2.　羊の妊娠中毒

【病態および原因】

羊が妊娠末期に相対的な栄養不足に陥り，牛の神経型ケトーシスに類似した症状を示す．特に，双胎妊娠の場合には栄養素の摂取量と要求量のアンバランスによる低血糖が原因となる．寒冷，低品質飼料，輸送ストレス，過肥ならびに運動不足も本症の誘因になる．羊の妊娠末期 6 週間において，胎子の成長はきわめて著しく（約 80％の体重増加），この時期，母羊は母体が生成するグルコースの 30 ～ 40％を胎子に供給する．また，腹腔内で拡張する妊娠子宮に圧迫され第一胃容積は縮小する．その結果，母羊の採食量は減少し，負のエネルギーバランスに陥りやすい．

【症　状】

食欲低下と神経症状を特徴とする．罹患羊では採食行動と群行動が異常となり，沈うつ，呆然，筋肉の振戦，歯ぎしり，旋回運動や平衡失調等の症状を呈する．その他，病状が進行すると起立不能となって横臥し，やがて昏睡状態に陥る．盲目となる例もある．妊娠中に胎子が死亡した場合や胎子の娩出後には，症状が改善することがある．

【診　断】

臨床症状および体液検査により診断する．低血糖，NEFA（FFA）およびケトン体は増加し，ケトアシドーシスとなる．

【治療および予防】

基本的には牛のケトーシスに準ずるが，分娩予定が近い羊では帝王切開による胎子摘出も治療の選択

60 第7章 代謝・栄養性疾患

肢となる．妊娠末期には胎子数に応じて濃厚飼料の増給等の栄養摂取の確保が基本となる．

3. 肥満牛症候群

第5章「5-2 脂肪肝」の項を参照のこと．

7-3 タンパク質代謝疾患

到達目標：タンパク質代謝疾患の病態，原因，症状，診断法，治療法および予防法を説明できる．
キーワード：低タンパク血症，高タンパク血症，アミロイド症

1. 低タンパク血症

血中のタンパク質は主に肝臓でアミノ酸から合成され，正常ではタンパク質の合成，分解，体内分布および体外喪失に関する要因によって平衡関係が維持されている．**低タンパク血症**（hypoproteinemia）は，血中のアルブミン濃度が低下する低アルブミン血症と免疫グロブリン濃度が減少する低免疫グロブリン血症に分けられる．

低アルブミン血症の発生原因は，体外喪失，合成低下ならびに異化亢進に分けられる．体外喪失には，非選択性漏出型低タンパク血症（血液成分の喪失，腹水・胸水への喪失）ならびに選択性漏出型低タンパク血症（糸球体性タンパク尿，尿細管性タンパク尿）がある．特に，選択性漏出型低タンパク血症の一つとして糸球体性タンパク尿があるが，牛ではネフローゼ症候群が重要である．腎糸球体は毛細血管で構成される血液の濾過装置であるが，通常はアルブミンやより分子量の大きいタンパク質を通過させない．これは糸球体にチャージバリアとサイズバリアと呼ばれるタンパク質を通さない2つのバリアによるものであり，糸球体に障害が生じるとバリアが破壊され，尿中へのタンパク質の漏出が起こる．この時，チャージバリアの障害のみではアルブミン等の低分子タンパクの漏出（選択的タンパク尿）が起こるが，サイズバリアも破壊されれば低分子タンパクだけでなく，アルブミンより大きい分子量のタンパクも尿中へ排泄される（非選択的タンパク尿）．

合成低下では，栄養摂取不足（寄生虫，飢餓，低タンパク飼料），消化酵素分泌不全（胆汁分泌不全による脂肪消化不良性下痢），腸粘膜病変の存在，肝障害によるタンパク質合成不全が考えられる．

異化亢進に関係する疾患には，副腎皮質機能亢進症や甲状腺機能亢進症がある．

低免疫グロブリン血症の発生原因として，牛や豚では，新生子への初乳摂取量不足があげられる．

2. 高タンパク血症

高タンパク血症（hyperproteinemia）はアルブミンよりもグロブリンの増加による場合が多く，A/G比の低下が認められるため，タンパク分画や免疫学的検索が必要となる．高タンパク血症の原因は，以下に大別される．

①脱水（血液濃縮）：嘔吐，下痢，腸閉塞，給水制限によって脱水と血液濃縮が生じることで，相対的なタンパク濃度の増加が起こる．この場合，A/G比および血清タンパク分画像には変化を伴わず，PCVが増加する．

②αおよびβ-グロブリンの増加：急性炎症性疾患では，α_1およびα_2-グロブリンが増加する．

ネフローゼ症候群では，$α_2$ および $β$-グロブリンの増加がみられる．

　③γ-グロブリンの増加：多クローン性γ-グロブリン異常はγ-グロブリンの広汎性増加を特徴とし，肝膿瘍や肝蛭症等の慢性肝疾患，心内膜炎，創傷性心膜炎，創傷性脾炎，化膿性肺炎等の慢性化膿性疾患でみられる．

3. アミロイド症

【病態および原因】

　アミロイド症（amyloidosis）は，全身臓器の血管や血管周囲の細胞間隙あるいは結合組織にアミロイドと呼ばれる異常タンパクが沈着するタンパク代謝異常である．牛のアミロイド症は乳房炎，創傷性心膜炎，慢性肺炎あるいは肝膿瘍等の慢性化膿性疾患に継発し，肝臓で合成される急性相タンパクである血清アミロイド A（SAA）を前駆物質とするアミロイド A 鎖の組織沈着によって起こる．

　アミロイド A が沈着する臓器によって臨床所見は異なるが，牛では消化管や腎臓への沈着が多い．特に腎臓では糸球体へのアミロイド沈着によって基底膜の構造変化が生じ，アルブミンのような分子量 70 kd の分子も濾過される．その結果として，血漿膠質浸透圧を保持するアルブミンが尿中へ喪失され，漿液とアルブミンが血管外に漏出して浮腫を特徴とするネフローゼ症候群を呈する．

【症　状】

　成牛で慢性の水様性下痢，多渇，体重減少，食欲不振や廃絶，脱水，極度の削痩，胸前，下腹部，四肢末端の冷性浮腫等の臨床所見を示す．また，高度のタンパク尿を呈する．通常，発症後 2～5 週間以内に死亡する．

【診　断】

　臨床所見ならびに血液および尿検査によって診断は可能であるが，確定診断は生検材料の組織学的検査によってなされる．血液検査では，赤血球数の減少，白血球数の増加，低タンパク血症，低アルブミン血症，高窒素血症，低カルシウム血症が認められる．血清タンパク電気泳動像では，アルブミン分画の著しい減少，α および β-グロブリン分画の不動もしくは増加傾向，γ-グロブリン分画の減少といったネフローゼ型の分画像を示す（図 7-2）．尿検査では低比重と高度タンパク尿が認められる．

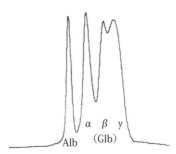

図 7-2　アミロイド症発症牛の血清タンパク電気泳動像．

【治　療】

　確実な原因療法はない．

62 第7章 代謝・栄養性疾患

7-4 ビタミン代謝性疾患

> **到達目標**：ビタミン代謝性疾患の病態，原因，症状，診断法および予防法を説明できる.
> **キーワード**：ビタミン A 欠乏症，夜盲症，ビタミン A 過剰症，牛ハイエナ病，ビタミン D 欠乏症，ビタミン D 過剰症，ビタミン E 欠乏症，白筋症，栄養性筋ジストロフィー，マルベリー心臓病，ビタミン K 欠乏症，ビタミン B_1 欠乏症，大脳皮質壊死症

1. ビタミン A 欠乏症および夜盲症

【原因】

ビタミン A 欠乏症（vitamin A deficiency）の原因は以下の 4 つに区分される.

①飼料中の β - カロチンならびにビタミン A 含量の不足：牧草の調整不良や保存中の破壊，サイレージや穀類（黄色トウモロコシを除く）の長期保存による含量低下がある. 肥育牛では，人為的なビタミン A 欠乏飼料による飼育によって発症する.

②吸収の阻害：消化障害，消化管内部寄生虫，濃厚飼料の過給，高硝酸塩含有飼料や低リン含有飼料等の給与による消化・吸収障害によって発生する.

③母乳と人工乳の問題：ビタミン A と β - カロチンは胎盤を通過しないため，出生直後の子牛，子羊，子山羊では肝臓中のビタミン A の貯蔵量がきわめて少なく，初乳の十分な摂取が必要である. また，人工乳では加熱処理中にビタミン A が破壊されることがある.

④生理的あるいは病的要因：妊娠末期，肝機能減退，肝姪症，甲状腺機能低下症等も原因になる.

【病態および症状】

臨床症状は，眼症状，神経症状，皮膚症状，泌尿器症状，繁殖障害および骨発育障害に分類される.

①眼症状：視紅の再生障害のため暗部の視力が著しく減退する（夜盲症，nyctalopia）. 牛では 1 ～ 3 歳齢のビタミン A 欠乏飼料による飼育下の初期症状として発症する. 豚では，血中ビタミン A 濃度の顕著な低下がなければ発現しない.

②神経症状：脳脊髄圧上昇に伴う運動失調，強拘歩様，転倒，全身痙攣，斜頚，起立不能および昏睡等がみられる.

③皮膚症状：牛ではもみ殻のような著しい痂疲形成，馬では多数の縦亀裂を伴う乾燥した鱗状の蹄がみられる.

④泌尿器症状：尿細管上皮細胞の角化と脱落に伴う尿石症，尿路感染，全身性の浮腫（特に前駆），関節の水腫性変化が認められる.

⑤繁殖障害：雄牛における精子生成機能の低下や交尾欲の減退，雌牛における低受胎，卵巣嚢腫，胎盤停滞，妊娠末期の流死産が知られている.

⑥骨発育障害：発育期において，軟骨性骨化不全による骨発育障害，変形あるいは骨粗鬆症がみられる.

【診断】

反芻動物では，視神経円板のうっ血乳頭の発見と夜盲症の検査を行う. 豚では，不調和，後躯麻痺および痙攣が特徴所見である. 確定診断には，血中と肝臓中のビタミン A 量の測定を行う. 特に，肝臓のビタミン A 量は生体における過不足をよく反映する.

【治　療】

ビタミン A を 440 IU/kg 投与し，その後，1 週間を限度に初回投与の 1/4 〜 1/3 量を経口投与する．発病初期で効果は明瞭であるが，眼症状が進行したもの，神経症状があるものでは効果は期待できない．

【予　防】

ビタミン A の 1 日最低要求量を充足する飼料の給与が必要である．

2. ビタミン A 過剰症および牛ハイエナ病

【病態および原因】

ビタミン A 過剰症（hypervitaminosis A）はビタミン A 摂取後 12 時間前後で発生する急性中毒症と，長期間の摂取で生じる慢性中毒症に分類される．牛ハイエナ病（bovine hyena disease）は，子牛に対するビタミン A の大量の連続投与（通常量の 100 倍）による慢性中毒症であり，本来血中には存在しないレチニルエステルが血流を介して全身の各組織の細胞内に濃度依存性に取り込まれて細胞障害を起こす疾患である．

子牛に対する牛ハイエナ病の再現実験では，生後 7 日齢からの 10 日間，過剰量のビタミン AD$_3$E 剤あるいはビタミン A 剤の単剤を投与することによって，大腿骨，下腿骨，上腕骨および椎骨における骨端軟骨板の増殖帯の一部消失，柱状配列の不整，骨端軟骨の菲薄化，壊死巣形成等の所見が認められている．また，発症牛では，大腿骨遠位および脛骨近位の骨端軟骨板は部分的に消失する．したがって，牛ハイエナ病は子牛へのビタミン A の過剰投与によって軟骨細胞と骨芽細胞の分化と増殖を抑制することで発症し，ビタミン D$_3$ の過剰投与がこれらの抑制作用を重篤化すると考えられる．

【症　状】

急性症状は大量投与後 12 時間で発現し，主症状は脳脊髄圧の亢進症状（食欲減退，知覚過敏，全身の振戦，運動失調，麻痺）である．一方，慢性症状としての牛ハイエナ病では，四肢，特に後肢の発育遅延のため腰部から尾根部にかけての背線の下降，十字部の陥没，後肢の X 脚状変形がみられる（図 7-3）．

【診　断】

牛ハイエナ病特有の体型と，子牛時に投与されたビタミン A の量を調査することが重要である．牛では血中レチニルエステル濃度の顕著な増加を確認できる．

図 7-3　ビタミン A 過剰症（牛ハイエナ病）．（内藤善久，獣医内科学改訂版，文永堂出版，2011）

【治　療】

効果的な治療法はない．

【予　防】

ビタミン AD$_3$E 剤を子牛に指示量（ビタミン A として 50 万 IU）を超えて投与してはいけない．また，ビタミン A の連日投与を行わず，再度投与する場合には必ず 1 〜 2 ヵ月程度の間隔を置く．

3. ビタミンD欠乏症

【病態および原因】

ビタミンD欠乏症（vitamin D deficiency）の原因は，ビタミンDの摂取不足，日光照射時間の不足による内因性ビタミンDの合成不良，ビタミンDの吸収障害と代謝不全，ならびに遺伝的要因が知られている．ビタミンDの摂取不足と日光照射時間の不足では，窓が少ない舎飼の家畜がビタミンD含量の低い飼料や代用乳で飼育された場合に発症する．ビタミンD_3の吸収障害では，長期間にわたり消化器障害がある場合に問題が生じる．代謝不全として，肝臓疾患もしくは腎臓疾患がある動物では，ビタミンDの代謝が抑制される．豚では，遺伝性疾患としてビタミンD代謝酵素遺伝子の欠損が報告されている．

植物由来のエルゴステロールならびに動物の皮下に豊富に存在する7-デヒドロコレステロールはそれぞれプロビタミンD_2およびD_3と呼ばれる．これらは，日光の紫外線照射を受けてビタミンD_2あるいはD_3に変化し，その後，代謝されて生理活性があるいくつかのビタミンD代謝物に変換される．最初の代謝産物は25-hydroxyvitamin D_3（25OHD）であり，これはビタミンDが肝臓の酵素（25-hydroxylase）による作用を受けて合成される．したがって，ビタミンD欠乏症は，ビタミンDの摂取や合成が抑制されるような要因が存在する場合に発症しやすい．ビタミンDはビタミンAやEと比べて胎盤や乳汁への移行が良好であり，幼畜のビタミンD_3充足状態は母畜のビタミンD_3充足状態をよく反映する．血中25OHDは動物のビタミンD_3状態を反映する指標となる．

【症　状】

「7-1-3. くる病・骨軟化症」の項を参照のこと．

【診　断】

血中25OHD濃度は低値（5 ng/mL未満，正常範囲：20 ～ 50 ng/mL）を示す．「7-1-3. くる病・骨軟化症」の項を参照のこと．

【治療および予防】

「7-1-3. くる病・骨軟化症」の項を参照のこと．

4. ビタミンD過剰症

【病態および原因】

ビタミンD過剰症（hypermitaminosis D）は，ビタミンD_3剤を過剰に経口投与あるいは注射することで発生する．特に，乳牛では乳熱の予防手段としてビタミンD_3剤の筋肉内投与が行われるが，この投与量，投与回数，投与時期を誤ると中毒効果を及ぼすことがある．一方，植物の中にビタミンD配合体を含有するものがある．多くはわが国の採草地に自生しないが，*Cestrum diurnum*（野生ジャスミン），*Triesetum flavescens*（黄色オート麦），あるいは*Solanim*（ナス属の有毒植物）等は同配糖体を含有する．

生体に過剰に摂取あるいは投与され血流を循環するビタミンDは，速やかに肝臓で25OHDに変換される．25OHDの半減期は数週間に及ぶため，長期間にわたり高カルシウム血症が維持される．初期には，心循環器系（心臓と大動脈）が最も影響を受ける．病理解剖では，全身の軟部組織（心臓，大動脈，腎臓，肺，消化管等）における石灰沈着や変性が認められる．

【症　状】

全身臓器への石灰沈着に起因して症状が発現する．全身症状として，沈うつ，食欲不振，下痢，体重

第7章　代謝・栄養性疾患　　65

減少，強拘歩様等がみられる．また，心循環器系の症状として，心音の減弱や第 II 音の分裂，徐脈，期外収縮性不整脈等がみられ，急死する例もある．

【診　断】

ビタミン D₃ 剤の投与歴ならびに飼料中のビタミン D 含量等に関する情報の入手が，きわめて重要である．特に，輸入乾草を使用の場合には，上記の植物の混入の有無について検査する．血液生化学検査では，高カルシウム血症，高リン血症，血中 25OHD 濃度の異常な増加（200 ～ 300 ng/mL）が認められる．

【治　療】

原因となる要因を除去し，飼料中の Ca 含量を低く抑える．

5. ビタミン E 欠乏症

【病　態】

ビタミン E の生理作用として，抗酸化作用，生体膜の保護作用，生体防御反応の強化，内分泌機能の維持，血行促進作用が知られている．ビタミン E は胎盤移行が不良なため，母畜から胎子への供給は不十分となる．そのため，胎子は発育過程で十分なビタミン E の供給を得られず，欠乏状態で出生するので，初乳から十分な量のビタミン E の補給を受ける必要がある．ビタミン E 欠乏の母畜では，初乳中の含量も低いため，新生子は**ビタミン E 欠乏症**（vitamin E deficiency）に陥る恐れがある．

ビタミン E は，セレンを構成成分として生体内過酸化物の分解・処理に重要な役割を果たしているグルタチオンペルオキシダーゼ（GSH-Px）と相加的に作用する．このようにビタミン E とセレンは互いに補助し合いながら，脂質の酸化を防御している．ビタミン E とセレンの欠乏は，生体膜脂質の過酸化障害を進行させ，子牛，子馬，子豚あるいは子羊の骨格筋あるいは心筋の変性を特徴とする白筋症や離乳育成豚の突然死を特徴とするマルベリー心臓病の原因となる．その他，栄養性肝壊死，黄色脂肪症（豚，猫，ミンク），成牛における胎盤停滞，流産および死産も報告されている．

1）白筋症（栄養性筋ジストロフィー）

【原　因】

白筋症（white muscle disease）（**栄養性筋ジストロフィー**，nutritional muscular dystrophy）は，ビタミン E およびセレン含量の少ない飼料の給餌が原因となる．高度不飽和脂肪酸の多い飼料（魚油，魚粕，コーン油等）では，長期保存中の脂質過酸化によってビタミン E 含量が減少する．わが国の土壌は酸性土壌で植物利用型の水溶性セレン含量が低値であるので，牧草中のセレン含量が低く，草食動物は欠乏症に陥りやすい．

【症　状】

若齢の牛および羊では，運動不耐性，呼吸困難，頻脈，不整脈，横臥，血様鼻汁等が認められ，適切な処置がなければ 1 日以内に死亡する．年齢が高い牛や羊では，強拘歩様，起立困難，横臥，筋肉振戦，四肢上部筋肉の腫脹・硬結がみられるが，治療によって 3 ～ 5 日程度で歩行可能になるものも多い．

【診　断】

特徴的な臨床症状および臨床病理検査所見から診断される．血液と肝臓中の α - トコフェロール濃度，骨格筋変性の指標となる各種臨床生化学マーカー値（血中 CK および AST 値，尿中ミオグロビン濃度等）の測定が診断上有用である．

66 第 7 章 代謝・栄養性疾患

【治 療】

運動を中止させ，哺乳期の場合には人工哺乳に切り換える．ビタミンEおよび亜セレン酸ナトリウムの筋肉内注射を行う．

2) マルベリー心臓病

【原 因】

マルベリー心臓病（mulberry heart disease）は，セレン欠乏土壌で生産された作物（ダイズ，トウモロコシ，エンドウ等）を給与されている育成豚に発生する．飼料には，ココナッツミール，魚粕，亜麻仁を含む場合が多い．また，ビタミンEとセレンが適切に給与されている場合でも，本症を発症することがある．

【症 状】

多頭数の育成豚（1～4ヵ月齢）の突然死として確認される場合が多い．呼吸困難，横臥，心悸亢進，不整脈，チアノーゼ等の症状を示して，急死する．

【診 断】

急死するため，死後，病理学的検査によって診断される場合が多い．

【治 療】

ビタミンEおよび亜セレン酸ナトリウムの筋肉内注射を行う．

6. ビタミンK欠乏症

【病態，原因および症状】

ビタミンK欠乏症（vitamin K deficiency）の原因には，セファム系抗菌薬やサルファ剤の長期の投与による腸管内ビタミンK産生菌の抑制や，肝臓疾患，胃腸疾患もしくは慢性下痢による吸収障害がある．真のビタミンK欠乏症ではないが，牛のスイートクローバー中毒と各種動物のワルファリン中毒は，クマリン誘導体のビタミンK拮抗作用よって起こる．

自然例は豚と鶏でみられ，主症状は血液凝固時間の延長に伴う出血性変化である．特に新生豚は臍帯出血，育成豚では多量の皮下出血による貧血や死亡がみられる．スイートクローバー中毒とワルファリン中毒においても，貧血や全身各所での小出血斑の出現等の血液凝固障害に関連した症状が認められる．

【診 断】

プロトロンビン時間（PT），活性化部分トロンボプラスチン時間（APTT），トロンボプラスチン時間の延長が診断上の参考になる．

【治 療】

ビタミンK製剤の筋肉内注射を行う．必要に応じて，輸血，トロンボプラスチン製剤の注射，輸液等を行う．

7. ビタミンB₁（チアミン）欠乏症

【病 態】

大型家畜のビタミンB₁欠乏症（vitamin B₁ deficiency, thiamine deficiency）には，末梢神経の多発性神経炎を主徴とするもの（馬）と大脳皮質壊死症による中枢神経症状を主徴とするもの（反芻動物）がある．

1）大脳皮質壊死症

【原　因】

大脳皮質壊死症（cerebrocortical necrosis）の発生機序は完全には解明されていないが，消化管内におけるチアミンの生合成の不足とチアミン分解酵素（チアミナーゼ）の生成が原因として推定されている．濃厚飼料の多給，特に可消化炭水化物の多給によるルーメンアシドーシスでは，第一胃内微生物叢が変化してチアミン生合成量が低下する可能性がある．この場合，消化管内で増殖した *Bacillus thiaminolyticus* や *Clostridium sponogenes* がチアミナーゼⅠ（thiaminase Ⅰ）を，*Bacillus aneurinolyticus* がチアミナーゼⅡ（thiaminase Ⅱ）を産生し，これらがチアミンを分解する．

【発生状況】

わが国では，2歳未満の牛に発生が多く，特に3〜5ヵ月齢または6〜8ヵ月齢のフィードロット肥育牛群に多発している．フィードロット肥育牛群での一般的な罹患率は10%以下であるが，時に集団発生する．羊では，2〜7ヵ月齢で1〜6%の発生があり，致死率は100%との報告もある．

【症　状】

発症は突発的であり，前駆症状として半日前あるいは前日に下痢がみられる．神経症状は多様であり，歩様異常（失調歩様，強拘歩行，開脚開張姿勢），盲目，黒内障，筋肉や眼瞼の振戦，眼球の水平振盪，過敏，間代性硬直性痙攣，歯ぎしり，呻吟，起立不能，横臥等がみられる．一般症状として，痙攣の発作時以外は，体温，心拍数および呼吸数の異常はない．食欲と元気は減退する．集団飼育している動物では，群から孤立する．通常，治療がなければ死亡率はきわめて高く，24〜48時間以内に死亡する．

【診　断】

疫学的観察と特徴的な神経症状，活性型チアミンの大量投与による症状の改善により診断できる．血中ならびに大脳皮質中のチアミン濃度も診断上重要な所見となる．死亡例に対しては，病理学的検査を行う．牛の神経症状を呈する疾患として，伝染性血栓塞栓性髄膜脳炎，低マグネシウム血症，ビタミンA欠乏症，急性鉛中毒，牛海綿状脳症との鑑別が必要である．

【治　療】

塩酸チアミンあるいは活性型チアミンの静脈内投与を行う．脳浮腫軽減の目的でデキサメサゾンを筋肉内投与する．治療開始が早ければ4〜6時間後から効果がみられ，2〜4日後には回復する．チアミン投与を2回行っても症状改善がない場合は，予後不良である．発生年齢が若いほど死亡率は高く，症状発現からチアミン投与までの経過時間が数時間以上経過したものは治癒率が低い．

7-5　微量元素欠乏症

> **到達目標**：微量元素欠乏症の病態，原因，症状，診断法，治療法および予防法を説明できる．
> **キーワード**：鉄欠乏症，銅欠乏症，亜鉛欠乏症，パラケラトーシス，ヨウ素欠乏症，甲状腺腫，
> 　　　　　　　コバルト欠乏症，くわず病，マンガン欠乏症

1．鉄欠乏症

【病　態】

鉄は生体内でヘモグロビンとミオグロビンの構成成分として存在するとともに，造血に利用されるト

ランスフェリン等の金属タンパク，貯蔵鉄および金属酵素の構成成分として生体の酸化還元反応に関与する．鉄の最も重要な機能はヘムとしての赤血球造血であり，欠乏では小球性低色素性貧血と発育障害をきたす．

【原　因】

　鉄欠乏症(iron deficiency)の発生は子豚に多い．正常な成熟動物では大量の貯蔵鉄を有しているので，鉄摂取不足が長期化しないかぎり鉄欠乏性貧血は起こらない．発症原因は，①飼料中の鉄欠乏，吸収不全，銅欠乏による鉄摂取の不足，②哺乳期や幼弱期等の急成長あるいは妊娠，泌乳による需要の増大，③吸血線虫や吸血昆虫の濃厚感染，血液凝固不全，腫瘍等による過剰な鉄喪失，④慢性炎症または感染症等である．

【症　状】

　子豚では2週齢頃に最も多発し，10週齢頃まで続く．元気食欲の減退，発育遅延，皮膚と可視粘膜の褪色，下痢，冷性浮腫，心悸亢進，呼吸困難等が認められる．

【診　断】

　貧血，赤血球数およびヘモグロビン量の減少，鉄剤投与に対する貧血症状の改善から診断される．

【治　療】

　造血剤として，デキストラン鉄を筋肉内注射する．

2.　セレン欠乏症

　「7-4-5．ビタミンE欠乏症」を参照のこと．

3.　銅欠乏症

【病　態】

　銅は種々の生体成分と結合し，生体内代謝に重要な役割を果たしている．銅の欠乏では，貧血，白血球減少，骨形成不全，運動失調，被毛の褪色と角化異常，動脈脆弱等が生じる．牛と羊で多発しやすい．

【原　因】

　銅欠乏土壌で生育した牧草等による銅欠乏粗飼料の採食が銅欠乏症（copper deficiency）の原因になる．また，銅の吸収利用を阻害するモリブデンおよび無機硫黄含量の多い飼料の採食も原因になる．亜鉛，鉄，鉛，炭酸カルシウムの過剰摂取も銅吸収抑制の要因になると考えられている．

【症　状】

　成牛では食欲不振，異嗜，下痢，被毛褪色，発情遅延，流産，不妊をきたす．子牛では発育遅延，関節腫脹，硬直歩様と跛行がみられる．急性心不全を呈し急死する例も報告されている．

【診　断】

　症状および肝臓中の銅含量の減少，二次性銅欠乏症では土壌や飼料中のモリブデン含量を測定する．

【治　療】

　硫酸銅の経口投与を行う．

4.　亜鉛欠乏症

【病　態】

　亜鉛は40種類以上の酵素活性に不可欠な金属として糖質，脂質およびタンパク質代謝に広く関与し

ており，亜鉛欠乏による諸症状は亜鉛の生理作用と密接に関係している．子豚，時に子牛では発育障害や皮膚の**パラケラトーシス**（parakeratosis，錯角化症）の原因になる．

【原　因】

　亜鉛欠乏症（zinc deficiency）は，亜鉛欠乏飼料，高カルシウム飼料（亜鉛の消化管吸収抑制）あるいは高フィチン酸飼料（フィチン酸による亜鉛のキレート作用）の給与が原因となる．

【症　状】

　成長の抑制または停止，食欲不振，嘔吐，皮膚とその付属器官の発育不全，骨格の異常，運動失調，生殖機能の不全，妊娠時における胎子と新生子への影響等が知られている．子豚では生後7〜12週齢で多発し，顕著な発育不良と皮膚のパラケラトーシス，脱毛が認められる．

【診　断】

　皮膚生検による病理組織学的検査，血中，肝臓および糞便中の亜鉛濃度の測定による亜鉛欠乏の証明によって診断する．さらに，亜鉛給与による症状改善は診断の参考になる．

【治　療】

　亜鉛または硫酸亜鉛を飼料に添加して与える．

5．ヨウ素欠乏症および甲状腺腫

【病　態】

　若齢期のヨウ素欠乏では，甲状腺でのホルモン合成量が著しく低下するため，下垂体からTSH分泌が増加し甲状腺の腫大が起こる．また，妊娠中に母体にヨウ素欠乏が生じると，母体のTRHおよびTSH分泌の増加に反応して，胎子の甲状腺機能が刺激され腫大が起こる．

【原　因】

　甲状腺腫（goiter）とは，原因にかかわらず甲状腺が腫大した状態を示す．成長期の動物で多く発生し，び漫性の柔らかい甲状腺の腫大を特徴とする．わが国では，北海道の一部，長野県，富山県，高知県，広島県，宮崎県のヨウ素欠乏地帯における肥育牛および乳用牛での発生が報告されている．ヨウ素欠乏性の甲状腺腫は，馬や豚でも報告がある．

【症　状】

　新生子では，甲状腺の腫大により，食道圧迫，哺乳困難，頚静脈怒張，気管圧迫と呼吸困難をみる例がある．育成牛では，発育不良と性成熟の遅延がみられる．豚では，頚部腫大，無毛，虚弱で急死する子豚を産出することが多い．妊娠牛では妊娠期間の延長，流早産，死産をみることが多い．

【診　断】

　わが国における発生例では，地方病的性格を有するので，同地域における発生状況を把握する必要がある．飼料中ヨウ素含量が0.2 ppm以下の場合，欠乏症の原因になる．血中ヨウ素濃度の測定を行う．血中甲状腺ホルモン濃度の測定では，多くは低T_4・高T_3を示す．甲状腺ホルモン濃度は若齢動物ほど高値を示すので，必ず同月齢の対照動物と比較する．

【治療および予防】

　飼料中へのヨウ素添加（海藻末）やヨウ素剤（ヨウ化カリウム）の投与を行う．

6. コバルト欠乏症（くわず病）

【病態および原因】

コバルト欠乏症（cobalt deficiency）（くわず病, kuwazu disease）は，わが国では，西日本のコバルト欠乏地帯の黒毛和種牛での発生がある．コバルトはビタミン B_{12} の構成成分であり，必須微量元素である．反芻動物では，ビタミン B_{12} は第一胃の微生物の作用によってコバルトから合成されるため，コバルトの要求量が高い．

【症　状】

異嗜，食欲不振，削痩，体重減少，被毛失沢である．早春から初夏にかけて，成牛よりも幼牛や若齢牛に多く発生する．

【診　断】

血中および肝臓中のコバルトおよびビタミン B_{12} 濃度の測定によって欠乏状態を把握するとともに，塩化コバルトの経口投与による症状改善によって診断する．

【治　療】

塩化コバルトの経口投与およびビタミン B_{12} の筋肉内注射を行う．

7. マンガン欠乏症

【病態および原因】

マンガン欠乏症（manganese deficiency）の一次性の原因として，マンガン不足土壌で生産された作物の摂取に起因する場合が多い．二次性の原因として，高カルシウム・高リン含有飼料の給与によるマンガンの吸収阻害が知られている．なお，鶏は哺乳動物に比較して発育や産卵にマンガンを多く必要とするので，マンガン含有量が少ない飼料の摂取で容易に欠乏症を起こす．

【症　状】

雌牛の繁殖障害（発情遅延，不妊等），子牛，子羊，子豚の先天性の骨関節奇形ならびに運動障害（強拘歩様，跛行），発育不良，被毛の失沢・褪色等が知られている．鶏では生後 2 〜 6 週の脚弱症が発生する．

【診　断】

臨床症状とともに，血液，被毛および臓器中のマンガン濃度の測定が診断の参考になる．鶏（雛）の脚弱症は，ビオチン，コリン，葉酸の欠乏によっても発生するので類症鑑別が必要である．

【治　療】

硫酸マンガンを飼料に添加する．

《演習問題》 （「正答と解説」は 151 頁）

問 1．乳熱の原因として正しいのはどれか．
  a．低マグネシウム血症
  b．低カルシウム血症
  c．低ナトリウム血症
  d．低カリウム血症
  e．低クロル血症
問 2．くる病・骨軟化症に関する記述として正しいのはどれか．

a. 飼料中のビタミン D_3 過剰は原因の一つである.

b. 骨の石灰化の増加を伴う.

c. 低リン血症が認められる.

d. 病変は脊椎に強く発現する.

e. 予防のために紫外線への曝露を防止する.

問3. ケトン体として正しい組合せ（①〜⑤）はどれか.

a. 酢酸

b. 酪酸

c. アセトン

d. アセト酢酸

e. β-ヒドロキシ酪酸

①a, b, c 　②a, c, d 　③b, c, d 　④b, d, e 　⑤c, d, e

問4. 以下のケトーシスの治療のうち, Ⅱ型ケトーシスで有効性が高いものはどれか.

a. グルコース注射液の投与

b. グルココルチコイドの投与

c. インスリンの投与

d. キシリトール注射液の投与

e. チオプロニン製剤の投与

問5. タンパク質代謝疾患に関する正しい組合せはどれか.

a. 出血 ── 選択性漏出型低タンパク血症

b. 尿細管性タンパク尿 ── 非選択性漏出型低タンパク血症

c. 嘔吐 ── α-グロブリンの増加

d. 肝膿瘍 ── 血液濃縮

e. アミロイド症 ── 選択性漏出型低タンパク血症

問6. ビタミン代謝性疾患に関して正しい組合せはどれか.

a. 夜盲症 ── ビタミンE欠乏症

b. 大脳皮質壊死症 ── ビタミンA過剰症

c. マルベリー心臓病 ── ビタミン B_1 欠乏症

d. くる病 ── ビタミンA欠乏症

e. 牛ハイエナ病 ── ビタミンA過剰症

問7. 微量元素欠乏症に関する正しい組合せはどれか.

a. 鉄欠乏症 ── 脚弱症（雛）

b. 亜鉛欠乏症 ── くわず病

c. ヨウ素欠乏症 ── 甲状腺腫

d. コバルト欠乏症 ── 錯角化症

e. マンガン欠乏症 ── 小球性低色素性貧血

第8章　牛の乳房炎・乳頭疾患

一般目標：乳房と乳頭の解剖と機能を理解し，疾病の発生機序と症状，診断法，治療法および予防法を説明できる．

8-1　乳房の解剖と機能

到達目標：乳房の解剖と機能を説明できる．
キーワード：フルステンベルグのロゼット，乳頭括約筋，乳頭管，乳頭口

1. 解剖

牛の乳房は左右前後に独立した4分房4乳頭から構成され，乳房提靱帯によって骨盤から懸垂されている．

乳腺組織は，乳汁を合成し分泌する細胞（乳腺細胞）の集合体である腺胞（終末部）と乳汁を乳房外へ排出する導管系によって構成される．腺胞はさらに集合して乳腺小葉と乳腺葉を形成する．腺胞にはオキシトシン感受性の星状筋上皮細胞が乳腺細胞周囲を取り巻く．導管系は大小の乳管を経て乳腺乳槽を形成し，次いで乳頭内で乳頭乳槽と**フルステンベルグのロゼット**を経て，**乳頭括約筋**に囲まれた**乳頭管**を経由し**乳頭口**に連なる（図8-1）．

動脈系では，腹大動脈が外腸骨動脈，陰部腹壁動脈を経て外陰部動脈に分岐し，前および後乳腺動脈となり乳腺内に分布する．静脈系では，乳腺に分布した前および後乳腺動脈は毛細血管を経て浅後腹壁静脈となり，腹部の乳窩を経て内胸静脈となる．

乳腺組織の発育は，4～8ヵ月齢で成長ホルモン，卵胞ホルモンならびに副腎皮質ホルモン等の作用を受けて乳管系の発達が促進され，妊娠成立により黄体ホルモン，プロラクチンおよび副腎皮質ホルモン等の作用を受けて乳腺胞の終末部が増加する．

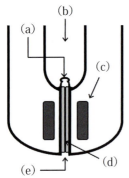

図8-1　乳頭の構造．(a) フルステンベルグのロゼット，(b) 乳頭槽，(c) 乳頭括約筋，(d) 乳頭管，(e) 乳頭口

2. 機能

1) 乳の産生

乳腺上皮では，第一胃で生成され吸収された低級脂肪酸，体脂肪，アミノ酸を材料として乳タンパク質，乳脂肪ならびに乳糖を合成する．乳タンパク質は主としてカゼイン，α-ラクトアルブミン，β-ラクトグロブリン等である．乳脂肪は，脂肪酸を材料として合成される．脂肪酸の一部は，第一胃で生成された酢酸やβ酪酸が血液を介して乳腺上皮細胞内に取り込まれ生成される．脂肪酸は血液から乳腺上

第8章　牛の乳房炎・乳頭疾患　73

皮細胞内に取り込まれる．乳腺上皮細胞では，これらの脂肪酸とグリセロールを結合することで脂肪(トリグリセリド)を合成する．血液から乳腺上皮細胞に取り込まれたグルコースの一部からガラクトースが生成され，ゴルジ体で乳糖合成酵素の作用によって乳糖が合成される．その他，乳汁には乳腺，血液および組織由来の様々な物質が含まれている．例えば，カルシウムは，カゼインに約80％が結合してカゼインミセルとして，あるいはクエン酸に結合してクエン酸塩として存在する．

2）乳房の感染防御機構

乳頭管は細菌が乳頭口から侵入した時の最初の防御機構であり，乳頭括約筋の収縮によって管孔を硬く閉じることができる．フェルステンベルグのロゼットは白血球が特異的に集積する部位であり，乳腺組織内への細菌侵入の防御に重要な役割を果たしている．

乳腺内の液性ならびに食細胞による防御機構は，感染防御のうえで重要な役割を演じている．乳汁中には乳腺上皮細胞や角化細胞ならびにマクロファージを主体とする白血球から構成される体細胞が含まれている．健常分房の乳汁中における体細胞数は20万/mL未満であり，感染が成立すると多形核ならびに単核白血球の増加によって体細胞数は著しく増加する．

乳汁中には免疫に関与する物質が含まれている．ラクトフェリン（Lf）は1本のポリペプチド鎖に乳糖が結合した分子量約8万の糖タンパク質であり，鉄をキレート結合することで鉄要求性の細菌の発育を抑制する．特に，初乳中には高濃度に存在することが知られている．ラクトペルオキシダーゼは，グラム陽性菌に対する発育阻止作用を有する．補体や免疫グロブリンは白血球の貪食作用に対してオプソニン化作用を有し，侵入病原体に対して重要な役割を果たしている．乳腺内では，乳汁中のカゼインや乳脂肪球による白血球機能への干渉，病原微生物に対する特異抗体や補体等のオプソニン活性の低下等が認められる．

8-2　乳房炎のリスク要因と診断・治療法

到達目標：乳房炎のリスク要因と診断法および治療法を説明できる．
キーワード：CMT，乳体細胞数，SCC，リニアスコア，LS，バルク乳，薬剤感受性試験，頻回搾乳，
　　　　　　高張食塩液，非ステロイド性抗炎症薬，NSAIDs

1．乳房炎の定義と分類

1）定　義

乳房炎は乳房内に侵入した微生物の感染によって生じる乳腺組織および乳管系における炎症性疾患である．乳汁の合成機構が阻害され異常乳が産生され，乳汁中には炎症によって白血球を主体する体細胞数が増加する．分娩を起点とした乳房炎の発生時期は，分娩後1ヵ月以内に最も多く（27〜33％），次いで分娩後1〜2ヵ月以内（7〜13％）ならびに乾乳間近の泌乳末期（10〜19％）で多い．

2）臨床的分類

（1）甚急性乳房炎

多くは分娩後1〜2週間以内に発症する．発熱，心拍数と呼吸数の増加，食欲廃絶，脱水，下痢，皮温低下，起立不能等の全身症状が発現し，臨床経過は著しく速く進行する．罹患分房は腫脹，硬結，熱感，疼痛を示し，分房や乳頭が青紫色となって冷感を呈することがある（図8-2）．乳汁は乳白色も

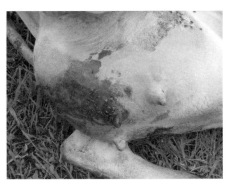
図 8-2 甚急性乳房炎の乳房の外観.

しくは黄白色で漿液性となり，血様で腐敗臭を呈する例もある．重症例では死亡も少なくないが，生存例では罹患乳房の泌乳停止もしくは脱落が認められる．

(2) 急性乳房炎
突然，乳房の腫脹と硬結が出現し，発熱や乳房の疼痛を呈する．時に甚急性乳房炎のような全身症状を示すこともある．乳汁は肉眼的には変化のないものから，灰白色ないし黄白色を呈し凝固物を認めるものまで多様である．

(3) 慢性乳房炎
乳房にのみ硬結があるが，熱感や疼痛は認められない．乳房炎の治療後に微生物学的な治癒に至らず，慢性化したものが多い．

(4) 潜在性乳房炎
全身症状はなく，乳房や乳汁の肉眼所見にも異常は認められない．乳汁の微生物学的検査において病原菌が検出され，乳汁の理化学的検査において乳汁性状や成分に異常が認められる．多くの場合，体細胞数は増加する．

(5) 乾乳期乳房炎
乾乳直後あるいは分娩直前において，乳房や乳頭の腫脹や発赤が認められるもので，多くが泌乳期の慢性あるいは潜在性乳房炎の再発に起因するものである．

(6) 未経産乳房炎
未経産牛の乳房へノサシバエやアブ等の吸血昆虫が *Trueperella*（*Arcanobacterium*）*pyogenes* を媒介することにより起こる乳房炎である．気温と湿度が高い夏季に発生しやすい．発症牛は 13 〜 18 ヵ月齢で最も多いが，5 ヵ月齢から分娩前の未経産牛で幅広くみられる．罹患牛では罹患乳房だけではなく，下腹部や膝関節まで腫脹が認められることもあり，歩行困難や食欲低下もみられる．発症初期の乳汁は透明であるが，2 〜 3 日後には緑黄色性の膿汁となる．発見後早急に治療できれば治癒も期待できる．罹患分房が自潰し排膿することもあり，乳腺組織が盲乳となる例も少なくない．

2. 乳房炎のリスク要因

1) 微生物学的要因
大多数の乳房炎では病原微生物が原因となるが，その多くが細菌であり，その他，酵母様真菌や藻類が関与することもある．これらの病原菌は，感染の様式や分布形態等から伝染性と環境性の 2 群に分類される．

2) 宿主側要因
乳頭管は細菌が乳頭口から侵入した時の最初の防御機構となる．乳頭括約筋は乳頭管を取り巻く平滑筋であり，乳頭管を硬く閉じて細菌の通過を抑制する．搾乳直後では乳頭管は弛緩し，細菌が通過しやすい．乳頭管上部にはフェルステンベルグのロゼットがあり，ここに白血球が集積して細菌を捕食し，乳腺組織内への細菌の侵入を防御する．乳頭管の径は産次に伴って太くなる傾向があるため，高産次の乳牛ほど感染リスクが高まる．乳頭先端の形状，乳頭括約筋の収縮力ならびに乳頭管の径は遺伝的影響を受ける．

乳腺組織は，微生物の侵入に対して非特異的ならびに特異的な防御機構を有する．分娩等のストレスや種々の物理的ならびに化学的要因によって，初期の感染防御を担う好中球機能や免疫能に低下が起こり，特に周産期では乳房炎の発生は比較的高い．

3）飼養管理と環境管理

飼養管理と環境管理は乳房炎に対する宿主感受性に大きな影響を与える．特に感染源に対する曝露機会の多少は重要であり，伝染性乳房炎では搾乳時に搾乳者の手指やミルカーによって原因菌に曝露される．環境性乳房炎では，搾乳と搾乳の合間に乳房が牛の周辺環境，糞尿，敷料，飼料，土壌あるいは水等に接することで原因菌に曝露される．環境性乳房炎の原因菌への曝露機会が増す要因として，飼育密度の過密，牛舎の換気不足，不十分な除糞，牛床の不適切な管理，農場内のため池等水回りの整備不足，一般的な衛生管理の不備等があげられる．

ミルカーは乳房炎の発生に強い影響を与える．吸引時の真空圧が急激に低下すると，乳頭の先端に向かって乳汁が逆流し，乳頭口から乳頭管へ細菌が侵入を許すことになる．真空圧が不定で適当でない場合，乳頭損傷の原因となる．ライナー交換が適切に実施されていなければ，劣化や亀裂によって洗浄不良となり，細菌の付着と増殖のため乳頭への細菌の曝露機会が増える．過搾乳も乳頭損傷を起こし，乳房炎の発生リスクを増加させる．

3. 診　断

1）身体検査

元気，食欲，第一胃運動等の全身状態を観察するとともに，体温，心拍数，呼吸数を把握する．乳房および乳頭について，色調，形状，腫脹，硬結，熱感，冷感，疼痛，損傷および乳房上リンパ節の腫脹の有無等について望診および触診で状態を把握する．搾乳前後では，乳房の対をなす分房の大きさ，腫れや熱感ならびに硬結感，さらに乳頭先端の部の創傷等を確認することが重要である．

2）乳汁の理化学的検査

（1）乳汁中凝固物

乳汁をストリップカップあるいはシャーレに採取し，凝固物〔炎症浸出物，白血球，脱落上皮，フィブリン（線維素）等の凝集片〕の有無を確認する．

（2）CMT および CMT 変法

CMT（California mastitis test）試薬には界面活性剤が含まれており，細胞核中の DNA と反応して凝固する性質を利用して体細胞数の推定に用いられている．わが国では CMT 試薬に pH 指示薬を含む試薬（PL テスター）が市販されており，pH の色調変化も同時に検査することが可能である（図 8-3，表 8-1）．

（3）体細胞数

体細胞とは乳汁中に含まれる乳腺上皮細胞と白血球の総称である．健康な分房から排出される乳汁中の体細胞の多くは乳腺組織から剥離した上皮細胞であり，白血球の割合は少ない．乳房炎によって分房内に炎症が起こると，**乳体細胞数（SCC）** は顕著に上昇する．通常，乳房炎の非感染分房における乳汁の体細胞数は 20 万個/mL 以下であり，乳房炎罹患牛ではこれ以上

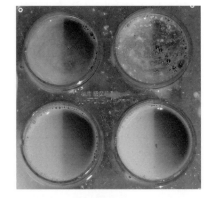

図 8-3　CMT 変法（PL テスター）による乳汁検査.

第8章　牛の乳房炎・乳頭疾患

表 8-1　PL テスター（CMT 変法）における凝集反応の判定基準

判定	凝集反応の所見	推定体細胞数 （× 10^4/mL）	乳房炎
−	凝集片を認めず，シャーレを傾けると，乳牛はシャーレ面をスムーズに流れる．	＜ 20	陰性
±	わずかに凝集が認められるが，牛乳はシャーレ面をスムーズに流れる	15 ～ 50	疑い
＋	はっきりと凝集が認められ，シャーレを傾けても凝集片が表面に残る．	40 ～ 150	疑い
＋＋	凝集片多量，粘稠性がやや強い．	100 ～ 300	陽性
＋＋＋	凝集片多量，粘稠性が強く半凝塊状（半ゼリー状）．	250 ～ 500	陽性
＋＋＋＋	完全に凝塊状（ゼリー状）．	＞ 500	陽性

表 8-2　体細胞リニアスコアと体細胞数

リニアスコア	乳体細胞数（×10^3/mL）
0	～ 17
1	18 ～ 35
2	36 ～ 70
3	71 ～ 141
4	142 ～ 282
5	283 ～ 565
6	566 ～ 1,131
7	1,132 ～ 2,262
8	2,263 ～ 4,525
9	4,526 ～

の体細胞数を示す．

乳体細胞数は乳房炎の程度が重度になるにつれて上昇するが，乳量の損失量は必ずしも同様の比率で増加しない．一方，乳体細胞数を 10 段階に区分したリニアスコア（LS，表 8-2）は，乳量損失量と直線性の相関を有しており，2 産以上の乳牛における体細胞リニアスコアの 1 スコアの増加は，1 乳期中 400 kg あるいは 1 日当たり 0.66 kg の乳量損失に相当する．バルク乳の乳体細胞数ならびに体細胞リニアスコアを把握することによって，牛群内の乳房炎の罹患分房数（罹患率）の推定も可能である．

乳体細胞数の測定法には，ブリード法（直接個体検鏡法）と自動体細胞測定装置による方法がある．ブリード法では，被検乳を十分混和し乳汁検査用マイクロピペットで 0.01 mL 取り，スライドグラスの上に 1 cm^2 の乳汁塗抹を作製し，乾燥後，ニューマン氏液で染色，乾燥，脱水等の工程を経て，油浸レンズを用いて鏡検し，顕微鏡係数を用いて 1 mL 中の体細胞数を算出する．自動体細胞測定装置による測定では，被検乳の乳体細胞を核酸蛍光色素で標識し，その蛍光強度から乳体細胞数を計数化する．

（4）電気伝導度

炎症を起こした局所の血管の透過性が亢進して，血液内の Na や Cl 等の電解質成分が乳汁中の浸出し，電気伝導率が増加する現象を利用する方法である．

（5）N- アセチル -β-D- グルコサミダーゼ（NAGase）活性

NAGase は炎症に伴い乳汁中に出現するリソゾーム（ライソゾーム）酵素であり，乳汁中の炎症指標酵素として用いることが可能である．

3）微生物学的検査

分房乳あるいはバルク乳を無菌的に採取し，微生物の培養検査を行う．乳汁の採取時には必ず手袋を装着し，乳頭をアルコール綿花で清拭する．乳頭が乾燥後，乳汁を 1 ～ 2 回搾り捨て，無菌バイアルに採取する．乳汁採取後は必ず乳頭のディッピングを行う．原因微生物の分離および同定は，羊血液寒天培地でコロニー形態，溶血様式ならびにグラム染色所見を観察し，KOH，カタラーゼ，オキシダーゼおよびコアグラーゼ反応を行う．必要に応じて，マッコンキー寒天培地等の選択培地を用いて分離・同定を行う．薬剤感受性試験を実施することで，効果が高い抗菌薬の選択が可能となる．バルク乳の微生物学的検査は，牛群全体における乳房炎の原因菌の把握に有用である．

4. 治　療

　全身症状，乳房所見および乳汁の検査所見に基づいて，治療の適否，投与薬剤の選択ならびに薬剤の投与量，投与経路および投与回数を検討し，治療方針を決定する．抗菌薬の投与は，乳腺内での抗菌薬の濃度が原因菌に対する最小発育阻止濃度と同等かそれ以上の濃度を維持することが必要である．抗菌薬の選択には治療開始前に乳汁の細菌学的検査を実施し，原因菌の同定ならびに薬剤感受性試験から薬剤を選択して，用法指示に従って投与する．乳房に対する療法として，冷罨法，温罨法，オキシトシン投与あるいは頻回搾乳等を必要に応じて行う．甚急性乳房炎または急性乳房炎のように全身症状がある場合には，一般輸液や高張食塩液，コルチコイドや非ステロイド性抗炎症薬（NSAIDs）の投与を併用する必要がある．

　乾乳期治療では，泌乳期における治療で完治しなかった分房，あるいは泌乳期中の潜在性乳房炎および黄色ブドウ球菌感染分房に対して，乾乳期治療用の乳房内注入薬を分房内へ注入する．乾乳期の乳房炎を予防する意味で非感染分房への注入も推奨される．

8-3　伝染性乳房炎

> 到達目標：伝染性乳房炎の病原微生物，症状，治療法および予防法を説明できる．
> キーワード：黄色ブドウ球菌，マイコプラズマ

　伝染性乳房炎の原因菌（伝染性細菌）として黄色ブドウ球菌（*Staphylococcus aureus*：SA），*Streptococcus agalactiae*，*Mycoplasma* spp. および *Corynebacterium bovis* が知られており，感染分房から正常分房へと感染が広がる疫学的特徴を示す．

1. 黄色ブドウ球菌による乳房炎

【発生機序】

　感染源は主として感染分房の乳汁であり，乳汁中に存在する SA が搾乳者の手指，乳頭清拭用のタオル，ミルカーのライナーゴムを介して，搾乳前準備や搾乳過程で健常分房の乳頭に付着し，乳頭口から乳腺へ侵入・増殖して感染を起こす．本菌は細胞壁に存在するプロテイン A の作用によって白血球による貪食作用や抗体による除去作用を回避し，乳腺内に定着・増殖して持続感染を起こす．慢性化すると乳線内に微小膿瘍を形成する．

【症　状】

　急性乳房炎：分娩後 1 ～ 2 週以内において乳房の腫脹，硬結，乳房および乳頭における皮温の低下，発熱や虚脱等の全身症状が認められる．感染分房では罹患部が壊死・脱落することもある．

　潜在性乳房炎：バルク乳および感染個体の乳汁中体細胞数が増加し，周期的な増減パターンが認められるが，明らかな症状は認められない．乳頭口に微細な化膿創や損傷が付随していることがある．

【診　断】

　一般的な理化学的乳房炎検査とともに罹患分房の乳汁検査を行い，SA の同定を行う．

　乳汁培養：血液寒天培地による好気培養において溶血性のコロニーが認められる．ウサギ血漿に対するコアグラーゼ反応は陽性（凝固）である．

バルク乳のスクリーニング検査：バルク乳の体細胞数と培養検査によって，SAに感染した個体の推定が可能である．バルク乳中の体細胞数は牛群内における感染個体に影響を受けるため，体細胞数の増加ならびに不安定な変動が認められる．

【治療および予後】

局所療法：感受性のある抗菌薬の乳房内注入を行う．

全身投与の併用：局所療法とともに，抗菌薬の全身投与（筋肉内あるいは静脈内）を併用する．

乾乳時治療：泌乳期の治療で治癒しなかった分房に対して，乾乳直前に感受性のある抗菌薬の乳房内注入と組織浸透性に優れた抗菌薬の筋肉内投与を実施し，乾乳期用乳房内注入薬を分房内に注入して乾乳とする．治癒率は個体の年齢，乳期，乳量，罹患分房数，感染期間，炎症部位，薬物治療の方法，既往歴，治療の有無，個体の免疫状態等により異なる．

難治性の分房に対する泌乳停止処置ならびに感染牛の淘汰も推奨されている．

【予　防】

搾乳の衛生指導が重要であり，伝染性乳房炎の防除法に従い適切な搾乳衛生管理を励行する．搾乳順位として正常牛から搾乳し，感染牛は最後に搾乳する．感染牛は隔離もしくは淘汰する．バルク乳の培養検査を定期的に実施して，感染の有無を把握し，予防に努める．

2. マイコプラズマによる乳房炎

【発生機序】

発生原因は明らかでなく，突発することが多い．搾乳者の手指，タオル，ミルカー等に付着したマイコプラズマを含む乳汁を介し，乳頭から乳房内に侵入する．牛群で肺炎の蔓延後に乳房炎が継発する場合には，鼻汁が感染源として疑われる．発生は，密飼，換気不良，不十分な個体管理等，牛群規模の拡大に関連する．

【症　状】

マイコプラズマによる乳房炎の発生状況は，日常遭遇する他の乳房炎とは異なり，次の特徴がある．①複数分房における臨床型乳房炎の継発，②食欲および元気の異常なし，③乳房の顕著な腫脹と硬結，④乳汁の変色と凝固物の混在（化膿性乳房炎の性状），⑤通常の乳汁培養検査における細菌の不検出，⑥一般の乳房炎治療では効果なく無乳等の症状がみられる．

【診　断】

確定診断は，乳汁培養の結果による．発育がきわめて速い *Mycoplasma bovis* の感染によることが多いため，2～3日の培養で診断が可能である．

Hayflick変法培地を用いて乳汁培養（37℃下ローソク培養）を行う．潜在性のマイコプラズマによる乳房炎の検出には，液体培地を用いて2～3日の増菌後，平板に塗抹して培養する．実体顕微鏡で培地の底から観察できるが，陽性の場合，特徴的な目玉焼きコロニーが確認できる．PCRによる遺伝子検出も行われる．

【治　療】

マクロライド系抗菌薬の全身投与に併せ，オキシテトラサイクリンの乳房炎軟膏を3日間連続して乳房内注入する．治療終了後2週目に再検査するが，治療後すぐに乾乳にした牛については分娩後に再検査を行う．通常，治療対象は潜在性の乳房炎や防除対策後の新規の臨床型乳房炎である．

【予　防】

　マイコプラズマによる乳房炎に対する効果的な予防法はないため，早期確定診断と防除対策を実施し被害を最小限度に抑えることが重要になる．

8-4　環境性乳房炎

> **到達目標**：環境性乳房炎の病原微生物，症状，治療法および予防法を説明できる．
> **キーワード**：大腸菌，クレブシエラ，環境性レンサ球菌，コアグラーゼ陰性ブドウ球菌，酵母
> 　　　　　　　様真菌，プロトセカ

　環境性乳房炎の原因菌（環境性細菌）として大腸菌群（*Escherichia coli*，*Klebsiella pneumoniae*），環境性レンサ球菌（*Streptococcus agalactiae* を除く *Streptococcus* spp.，*Enterococcus* spp. 等の腸球菌を含む），コアグラーゼ陰性ブドウ球菌（coagulase-negative *Staphylococcus*，CNS），グラム陰性腸内細菌（*Escherichia coli*，*Klebsiella* spp. 等），グラム陰性非腸内細菌（*Pseudomonas* spp.，*Proteus* spp. 等），酵母様真菌および藻類（*Prototheca zopfii*）が知られており，これらは牛の周辺環境に常在し乳頭へ接触することで感染が成立する．

1.　大腸菌群による乳房炎

【発生機序】

　大腸菌（*Escherichia coli*）や**クレブシエラ**（*Klebsiella pneumoniae*）等の大腸菌群の細菌が牛の周辺環境より乳房内に侵入することで発生する．気候，温度，牛床の敷料の種類や交換頻度等の環境的要因との関係が深く，気温が高い夏から秋にかけて発生率が増加する傾向がある．大腸菌は他の乳房炎起因菌に比べ増殖速度が速いため，抗病性が低下した牛では重篤な症状を引き起こしやすい．大腸菌の新規感染は乾乳期に多いが，乾乳期は乳汁中ラクトフェリン濃度が高く乳房内で細菌が容易に増殖できない環境であるため発症することは少ない．しかし，分娩直後では，乳汁中ラクトフェリン濃度の減少や好中球遊走能の低下あるいは免疫グロブリン濃度の減少によって乳房内の大腸菌群発育阻止能が低下するため，大腸菌性乳房炎を発生しやすい．さらに，重篤な全身症状を伴う甚急性乳房炎は分娩直後や泌乳中期に多発する傾向がある．

【症　状】

　急性乳房炎：発熱等の全身症状を伴い，乳房の熱感，腫脹，硬結が認められる．乳汁は多くの凝塊を含む水様あるいは希薄な乳白色や黄白色を呈し，乳量は著しく減少する．通常，早期に治療すれば 2 〜 3 日で症状が好転し乳産生も回復する．治療が遅れ乳腺組織の損傷が著しい場合には泌乳停止に陥るが，乾乳期を経て次乳期には泌乳を回復する場合もみられる．

　甚急性乳房炎：感染初期には，乳房の熱感，腫脹，硬結と体温の上昇，飲食廃絶，心拍数の増加，水様性下痢等の症状がみられ，時間経過に伴いエンドトキシン血症による結膜や外陰部粘膜の充血等の播種性血管内凝固（DIC）の症状に発展し，ついには脱水，耳介の冷感，体温・皮温の低下を呈して起立困難となり，死亡する．治療により全身症状が回復しても罹患乳房は泌乳停止に陥ることが多い．時には，罹患分房の乳房や乳頭に冷感や紫斑を伴い壊死脱落する（図 8-2）．このような重篤な乳房炎は，壊疽性乳房炎と呼ばれる．

【臨床病理】

脱水の進行により血液が濃縮し，ヘマトクリット値は上昇する．甚急性乳房炎では白血球数と血小板数の著明な減少がみられる．エンドトキシン血症では，活性化部分トロンボプラスチン時間の延長やプロトロンビン時間の延長が認められる．肝機能も低下するため，アンチトロンビンⅢの産生は減少する．また，エンドトキシンは単球を刺激して組織トロンボプラスチンを産生する作用を有することから，外因系血液凝固異常がみられる．

【診　断】

乳房炎の発生状況，臨床症状および臨床病理所見から診断する．確定診断には，乳汁培養を行い大腸菌群の同定を行う．

【治　療】

急性乳房炎では，有効な抗菌薬の局所投与を行うとともに，全身症状がある場合には抗菌薬の全身投与ならびに輸液による対症療法を行う．

甚急性乳房炎では，早期に原因菌を排除しエンドトキシンおよびサイトカインショックを緩和するために，オキシトシン投与による罹患分房の頻回搾乳，高張食塩水（HSS）の静脈内急速投与，デキサメタゾンの投与，ウルソデオキシコール酸の投与，抗DIC作用を目的としたヘパリンの投与，有効な抗菌薬の局所および全身投与を行う．下痢を伴い皮温低下または起立困難に陥っている場合はカルシウム剤の投与を行う．

【予　防】

牛の周辺環境を清潔に乾燥した状態を保ち，ストレスを回避し，適正な飼養管理により健康を維持することで抗病性の低下を防ぐことが重要である．乾乳期の新規感染を防ぐために，乾乳後2週間と分娩予定前2週間において乳頭保護・被覆剤を適用する．

2. 環境性レンサ球菌による乳房炎

【発生機序】

環境性レンサ球菌による乳房炎は臨床型乳房炎全体の約30％を占める．麦稈を敷料として利用する農場で多発する傾向があり，乾乳期の感染が分娩後の発生に影響する．

【症　状】

多くの場合，乳房は腫脹・硬結し，乳汁性状は凝塊を含む乳白色を呈して局所症状に限局するが，時には，水様乳を呈し発熱等の全身症状を伴う急性乳房炎を招く．

【診　断】

乳汁の細菌学的検査による同定を行う．*Streptococcus* spp. と *Enterococcus* spp. との鑑別は，SF試験により行う．

【治　療】

有効な抗菌薬による局所治療を行う．通常3日間の乳房内注入による治療を行うが，薬剤耐性菌が出現しやすく，3日間以上の十分な治療が必要となることが多い．

【予　防】

環境性レンサ球菌は敷料材である麦稈や乳頭表面の微細な皮膚損傷等と関係が深いため，環境衛生と搾乳衛生に留意することが必要である．特に乾乳期における新規感染が多いため，乾乳軟膏の使用と乾乳期の衛生管理が重要である．感染頻度が高い乾乳後2週間と分娩予定前2週間の乳頭保護・被覆剤

第8章　牛の乳房炎・乳頭疾患　　81

の応用も有効である.

3. コアグラーゼ陰性ブドウ球菌による乳房炎

【発生機序】

　コアグラーゼ陰性ブドウ球菌（CNS）は乳汁検体から頻繁に分離される細菌であり，乳房内に感染すれば軽度の炎症を招き，体細胞数を上昇させる. *Staphylococcus aureus* や *Streptococcus agalactiae* による伝染性乳房炎が抑制されている牛群では，本菌は乳房皮膚の微生物叢の一部である. CNS は乳頭管に集族後，乳腺に進入し感染を成立させるため，本菌の乳房内感染は皮膚微生物叢の日和見感染といわれている. このブドウ球菌の病原性は様々であり，通常は臨床症状を示さないが，時に臨床症状を示すことがある. しかし，牛群内で高率に発生すれば，感染牛は牛から牛に伝搬する主要な細菌源となる. 病原性の程度は，CNS の菌種と牛群の感受性によって異なる.

【症　状】

　CNS は分娩前の乳頭管と分娩時の乳汁から分離されることが多いが，多くの場合，牛群内の感染分房数は泌乳開始後 1 ヵ月で減少する.

【診　断】

　乳汁培養で容易に確認され，ウサギ血漿を用いたコアグラーゼ反応で陰性を示す.

【治　療】

　有効な抗菌薬による局所治療を行う. 泌乳期の治療には，3 日間の乳房内注入を行う. 乾乳期の治療では CNS の排除率が高い. しかし，分離菌の 88％が一つ以上の抗菌薬に耐性を有する.

【予　防】

　搾乳後のディッピングによる乳頭消毒と乾乳期治療の実施が，牛群内感染率の減少に有効である.

4. 酵母様真菌による乳房炎

【発生機序】

　酵母様真菌による乳房炎は，臨床型乳房炎全体の約 2％を占める. 敷料の酵母様真菌が乳頭口から侵入して発症する原発性の乳房炎と考えられている.

【症　状】

　著しい高熱を呈し，乳房の腫脹・硬結が顕著で，乳汁中には凝固物が大量に含まれる. このような重度の臨床型乳房炎にもかかわらず，食欲が大きく低下しないことが症状の特徴である.

【検　査】

　酵母様真菌は 5％羊血液加寒天培地で発育するが，発育は遅く，20 時間の培養ではコロニーは粉のような状態である. 通常，非溶血性で，グラム陽性，カタラーゼ陽性を示す. グラム染色では，米粒状あるいは発芽しているものが見られ，大きさは Staphylococci の約 5 ～ 10 倍と大きいので，一般細菌との鑑別は容易である. 原因菌は 100 種類以上ある. *Candida krusei* による感染が多いが，地域差がある.

【診　断】

　治療前に採材した乳汁中凝固物をスライドグラスに薄く塗抹し，グラム染色または PAS 染色を行うことにより，発症当日から酵母様真菌による乳房炎の診断と治療が可能となる場合がある. 確定診断には，乳汁の培養検査を行う.

82　　第 8 章　牛の乳房炎・乳頭疾患

【治　療】

　治療として，①頻回搾乳（時に，オキシトシン併用），②ヨウ素の乳房内注入および静脈内投与，③抗真菌剤の静脈内投与（アムホテリシン B）および内服（ナイスタチン）のいずれか，あるいはこれらを組み合わせて行う．なお，一般的な抗菌薬は酵母様真菌の発育に必要な窒素源を供給することになるため，早期診断と治療方針の早期変更を行わないと症状を悪化させることにもつながりかねない．

【予　防】

　カビ発生の予防に留意した敷料の調整と保管が重要である．カビが発生した敷料は使用しない．

5. 藻類による乳房炎

【発生機序】

　Prototheca zopfii（プロトセカ・ゾフィー）は，クロレラに類縁の葉緑素をもたない藻類で，牛に難治性の乳房炎を引き起こす．フリーストール牛群で発生する傾向があり，通常は単発で終息するが，まれに同一牛群で多頭数に感染が拡がることもある．主な感染源は，汚染された地下水，貯水タンク，ホースの水，水たまり，下水溝等で，それらとの接触により乳房内へ侵入することで感染が成立する．ストレス等による抗病性の低下，搾乳システムの不備，不適切な搾乳手技等による乳頭の損傷，汚染環境等が発症の引き金になる．

【症　状】

　感染牛は発熱，食欲不振等の全身症状をほとんど示さず，乳房の腫脹，硬結，乳汁中の凝塊等の局所症状のみが認められる．

【診　断】

　乳汁材料を血液寒天培地，ペニシリン添加サブロー寒天培地，あるいはペニシリン添加ポテトデキストロース寒天培地で好気培養（37℃, 24 時間）し，グラム染色，鏡検することで容易に診断可能である．プロトセカは，酵母様真菌の 5 ～ 10 倍の岩石状の菌体と外殻で観察される．病理学的には，発症牛の感染分房では著しい肉芽腫性病変を呈する．

【治　療】

　罹患牛を隔離し，早期に淘汰することが推奨される．牛群内に罹患牛が複数いる場合は全頭の乳汁の培養検査を行い，潜在的な感染を摘発する．乳房の腫脹，硬結や乳汁中の凝塊等の症状がない潜在性感染の場合は，カナマイシンの高濃度の乳房内注入で効果が認められる場合がある．

【予　防】

　牛舎内外の消毒徹底，貯水タンク，給水器等の水周りの清掃と塩素消毒を行う．バルク乳の温度管理および衛生管理には問題がない状態で，生菌数だけが異常に高値を示す場合は注意を要する．

第 8 章　牛の乳房炎・乳頭疾患　　83

8-5　乳房と乳質の異常

到達目標：乳房と乳質の異常の原因，治療法および予防法を説明できる．
キーワード：乳房浮腫，乳房中隔水腫，血乳，低酸度二等乳

1．乳房浮腫

【原　因】

　乳房浮腫の発生要因として，乳房局所の循環障害や乾乳期の飼料や管理等の複数の因子の関与が指摘されているが，未だ明確な発生機序は不明である．乳牛の乳房組織内の間質液（リンパ液）は毛細リンパ管を介して上乳房リンパ管に集まり，その後腹腔内に入って前大静脈に合流する．リンパ液は血液と異なり心臓のような強力なポンプ作用によって駆出されないため，分娩前後に乳房内に過剰な間質液が貯留する結果，乳房浮腫になると考えられている．一方，乾乳後期における濃厚飼料の必要以上の増給によって高度の乳房腫脹と浮腫が起こるとされている．さらに飼料中の塩分過剰の場合にも重度の乳房浮腫が認められる．

　乳房炎においても毛細血管の透過性亢進に起因して乳房に浮腫が発現する場合がある．

【症　状】

　乳房浮腫は分娩前 3 週から分娩後 3 週頃までの初産牛や若齢の経産牛で多くみられる．特に，乾乳期が長期化した分娩牛や初産月齢が経過した個体では発生しやすい傾向がある．

　分娩に伴う乳房浮腫は，通常，乳房の前後部および左右分房に対称に出現し，多くは分娩後 2 週頃までに消失する．浮腫は乳房の後部分房と乳房底面では顕著であり，さらに下腹部から前胸部，大腿部や陰部にも認められる．乳頭の皮膚は緊張して光沢を増し相対的に太くなり，長さは短縮する．乳量の減少や排乳障害が認められる例もある．重度の乳房浮腫では，乳頭皮膚の裂傷や乳房提靱帯の損傷による乳房下垂や乳房中隔水腫を起こすことがある．乳房の過度の腫大によって，歩行障害や横臥困難を示す例もある．

【診　断】

　視診と触診による浮腫と指圧圧痕の確認によって診断する．

【治　療】

　漏乳や乳房提靱帯の損傷が予想される重症例には，副腎皮質ホルモンの投与や飼料中の塩類制限を行う．また，乳房用サポーターを装着し，乳房を保護する．乳房中隔水腫には穿刺や切開による治療も報告されているが，感染による問題が生じる可能性が高いため，現在は推奨されていない．

【予　防】

　乾乳後期における塩類の過剰給与を控える．乳熱予防のための陰イオン塩の飼料添加が乳房浮腫の予防に有効との報告もある．乳房用サポーターを装着し，乳房の乳房提靱帯の損傷や乳頭の踏傷を防止する．

84   第8章　牛の乳房炎・乳頭疾患

2. 血乳症

【原　因】

血乳とは乳汁に血液が混入した状態である．原因は明らかではないが，非特異的な乳腺の損傷が関係すると考えられている．分娩後の乳牛に発生が多く，初乳が淡白桃色〜淡赤色を示す異常乳を呈することがある．これは分娩後の急速な乳汁合成や泌乳開始に伴い乳腺組織へ多量の血液が流入し，乳腺局所の毛細血管の拡張や破綻性出血により血乳が起こると考えられている．また，乳房および乳頭の打撲による損傷や乳房炎も，血乳の原因になる．

【症　状】

分房乳の色調が淡い白桃色〜淡赤色を示し，乳汁中に血液凝固物が認められる．乳房炎がなければ，熱感や疼痛は認められない．乳汁中に出現する血液凝固物が分房乳の排乳を妨げることがある．

【診　断】

視診によって乳汁の色調の変化を確認する．乳汁を遠心すると沈殿中に赤血球や凝固物が観察される．乳房炎との類症鑑別のために，乳汁の培養検査を行う．

【治　療】

軽度の血乳に対しては，過度の搾乳を控える．ビタミンK製剤やトラネキサム酸製剤の投与を行う．乳房炎，外傷，打撲等に起因する血乳に対しては，該当疾患に対する治療を行う．

【予　防】

確実かつ効果的な予防法はない．

3. 二等乳症

【原　因】

初乳，泌乳末期乳，アシドーシスやケトーシスに陥った乳牛の乳汁，あるいは鮮度が低下し酸度が増した乳汁にアルコールを加えて凝集反応（陽性反応）を示すものをアルコール不安定乳というが，特に搾乳直後の新鮮乳で陽性反応を示すものを"低酸度二等乳"と呼ぶ．アルコール不安定乳では，正常乳に比較して無脂固形分率および乳糖率が低い傾向にある．

明確な原因ならびに機序は特定されていないが，栄養や飼養管理の失宜，第一胃機能の低下，肝機能障害，乳房炎，ケトーシス，ストレス等の影響による乳腺細胞の乳汁合成能の低下の関与が推察されている．低エネルギーならびに低栄養状態の牛群では，泌乳初期，泌乳後期あるいは乾乳期前に低酸度二等乳が発生しやすい．

【症　状】

特徴的な臨床症状は生じない．

【診　断】

公定法であるアルコールテストを行う．内径4〜5cm,深さ1cmのシャーレに70%エチルアルコールを1〜2cmを加え，次いで等量の乳汁を加えて直ちに混和して凝固物の有無と状態を判定する．陽性乳汁では塩類不均衡が起こり，乳汁に加えられたアルコールの脱水作用によってカゼインミセルが不安定になり，カゼインが凝固沈殿する．

【治　療】

第一胃発酵改善剤，整胃腸剤，肝機能改善剤を投与する．

【予　防】
　飼養環境ならびに栄養管理の適正化，乳牛の栄養整理，特にタンパク質とエネルギーの過不足，バランスに留意する．乳房炎やケトーシスに対する対策を実施する．

8-6　乳頭疾患

> 到達目標：乳頭疾患の原因，治療法および予防法を説明できる．
> キーワード：乳頭管狭窄，乳頭括約筋損傷，潰瘍性乳頭炎，副乳頭

1．乳頭損傷

【原　因】
　横臥・起立時に関連する踏傷，乳頭の清拭に用いる消毒剤の濃度や温度の不適に起因して生じる皮膚異常，牛床や敷料として過度に用いた消石灰への接触による乳頭先端部のびらん，ミルカーによる過搾乳や不適正な真空圧での搾乳による乳頭口の損傷，有刺鉄線による刺傷や裂傷（図8-4），あるいは厳冬期の乳頭の凍傷等が原因になる．発生頻度は比較的高い．乳頭の損傷に継発して，乳頭瘻管，乳頭管狭窄あるいは括約筋損傷が生じる．乳頭瘻管は，乳頭の踏傷等による乳頭の

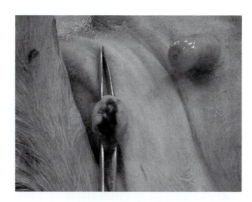

図8-4　乳頭の裂傷．

先端部の挫滅や欠損に継発して発生する．乳頭管狭窄は，過搾乳や乳頭踏傷等の乳頭損傷に起因して乳頭管あるいは乳頭槽内で結合組織の増生が起こり，乳頭管内部での乳汁の通過障害が生じる．乳頭腫等の腫瘍による乳頭管閉塞も排乳障害の原因の一つになる．踏傷等によって乳頭先端部の括約筋が損傷を受けることがある．

【症　状】
　乳頭損傷の症状は原因によって様々であるが，紅斑，びらん，ひびわれ，出血，腫脹，潰瘍等の病変が形成される．乳頭瘻管では，損傷部からの漏乳がみられる．乳頭管狭窄では，乳頭管開口部や乳頭括約筋の線維性肥厚により乳頭管が狭窄するため，顕著な排乳障害を伴う．搾乳時間は明らかに延長する．乳頭括約筋損傷では，括約筋の閉鎖障害により乳頭口先端部の開口，先端部の肥厚，漏乳がみられる．

【治　療】
　乳頭損傷の治療は，薬剤による化学的刺激が原因の場合には，原因薬剤の使用を中止し，患部にグリセリン等の皮膚保護材を塗布する．必要に応じて包帯保護するとともに，裂傷等の場合には創面を整え縫合する．病変が回復するまでミルカーによる搾乳を避け，導乳管を用いて搾乳とする．
　乳頭瘻管に対しては，乳頭壁に形成された瘻管は外科的に処置する．乳頭括約筋損傷に起因した瘻管は，漏乳に対する対応か泌乳停止の処置を行う．
　乳頭管狭窄に対しては，乳頭外科用の器具を用いて狭窄物を除去し，乳頭管を確保する．
　乳頭括約筋損傷に対する効果的な治療法はない．罹患分房の泌乳を停止し，70％アルコールもしくは0.5％アクリノール－5％ブドウ糖液（300～500 mL）を分房内へ注入して，2～3日間乳房の状態

86　　第8章　牛の乳房炎・乳頭疾患

を観察する.

【予　防】

消毒剤等の薬剤に起因する乳頭異常では，薬剤の種類および濃度を確認し適正使用するか，使用を中止する．外傷性の乳頭異常の場合には，その原因を除去する．また，乳頭瘻管，乳頭管狭窄ならびに括約筋損傷は過長蹄による踏傷によるものも少なくないので，定期的に削蹄を実施する．隣接する同居牛による踏傷の場合は，牛床およびストールサイズの適正化に配慮し問題点を改善する．乳頭踏傷予防のための器具の装着も予防法の一つである．

2. 潰瘍性乳頭炎

【原　因】

ウシヘルペスウイルス2型の感染が原因である．急速に牛群内に伝播し，不顕性感染する．症状は若齢牛や妊娠牛（特に初産牛）に多く発生し，乳頭や乳房において水疱，浮腫ならびに潰瘍の形成がみられる．乳頭病変部の滲出液中には多量のウイルスが存在するため，ミルカー等を介した伝播が示唆されるが，吸血昆虫による媒介も疑われている．

【症　状】

乳頭に直径2～3mmから数cmの紅斑や水疱が出現し組織液が漏出する．重症例では乳房の広範囲に水疱や潰瘍が形成される．罹患牛では搾乳時の疼痛が顕著で，また直接授乳中の子牛では口腔粘膜の紅斑，口唇・鼻腔・鼻鏡に潰瘍が形成されることがある．

【診　断】

初期の皮膚病変部や潰瘍辺縁部のバイオプシー材料から病理組織学的検査を行い，好酸性核内封入体を有する上皮性合胞体の形成を確認する．透過型電子顕微鏡による観察ではウイルス粒子が確認される．中和試験やPCRも確定診断に有用である．

【治　療】

標準的な治療法はない．ヨードホールのディッピング剤の使用やワセリンによる乳頭の保護を行う．

【予　防】

搾乳には個別のペーパータオルを使用する．感染牛を最後に搾乳する．

3. 副乳頭

【原　因】

副乳頭（supernumerary teats）は過剰乳頭あるいは多乳頭とも呼ばれ，牛では最も頻度が高い乳房の先天異常である．

【症　状】

通常，副乳頭の大きさは小さく，正常乳頭の後方あるいは同側の前乳頭と後乳頭の間に存在するが，あまり大きな障害にはならない．しかし，副乳頭が正常乳頭に近接あるいは付着することもあり，この場合には搾乳の妨げになる．また，副乳頭から乳汁が分泌されると乳房を汚染し，乳房炎の原因になることもある．

【治　療】

副乳頭は幼若期に除去すれば，成長後の乳房の外観への影響は少ない．しかし，副乳頭が正常乳頭に付着する場合には正常乳頭の形状維持のための配慮が必要であり，理想的には4～6ヵ月齢で過度の

瘢痕を残さぬよう切除する．2つの乳頭が近接する場合には副乳頭は大きさと位置によって判断するが，疑わしい場合には乳腺が発達するまで切除を待つ．成牛では，創を適切に閉鎖する必要がある．

《演習問題》（「正答と解説」は 152 頁）

問 1. 乳房の感染防御機構に関する説明として<u>誤っているもの</u>はどれか．

 a. 乳頭管は乳頭括約筋の収縮によって管孔を硬く閉じることができる．

 b. フェルステンベルグのロゼットでは白血球が特異的に集積し，乳腺組織内への細菌侵入を防御する．

 c. 健常分房の乳汁中の体細胞数は 20 万 /mL 未満である．

 d. 感染が成立すると，多形核ならびに単核白血球の増加によって体細胞数は増加する．

 e. ラクトフェリン（Lf）はグラム陽性菌に対する発育阻止作用を有する．

問 2. a～e の細菌の中で伝染性乳房炎の原因菌である組合せ（①～⑤）はどれか．

 a. *Staphylococcus intermedius*

 b. *Staphylococcus aureus*

 c. *Streptococcus agalactiae*

 d. *Streptococcus dysagalactiae*

 e. *Escherichia coli*

 ① a，b ② b，c ③ c，d ④ d，e ⑤ a，e

問 3. 黄色ブドウ球菌による乳房炎に関する記述として<u>誤っているもの</u>はどれか．

 a. 慢性化すると乳腺内に微小膿瘍を形成する．

 b. 潜在性乳房炎では乳汁中の体細胞数は周期的な増減パターンを示す．

 c. 牛群内の感染状況の確認のために，バルク乳の培養検査は有効である．

 d. 搾乳順序として，感染牛を最初に搾乳する．

 e. 感染牛の淘汰は，牛群における本乳房炎の防除法の一つである．

問 4. 環境性乳房炎に関する記述として<u>間違っているもの</u>はどれか．

 a. 麦稈を敷料として使用する農場では環境性レンサ球菌による乳房炎の発生頻度が高い．

 b. 多くの CNS において抗菌薬に対する耐性が確認されている．

 c. 酵母様真菌による乳房炎では，食欲は大きく低下しない．

 d. 大腸菌による甚急性乳房炎では血液凝固系は亢進する．

 e. *Prototheca zopfii* による乳房炎では抗菌薬による乾乳期治療が有効である．

問 5. 乳牛の乳房と乳質の異常に関する記述として<u>誤っている記述</u>はどれか．

 a. 二等乳とは，鮮度が低下し酸度が増したアルコールを加えて凝集するものをいう．

 b. 乳房浮腫は分娩前後の初産牛や若い経産牛で多くみられる．

 c. 乳房中隔水腫の治療として，穿刺や切開が推奨される．

 d. 血乳とは乳汁に血液が混入した状態を呼ぶ．

 e. 血乳症の治療としてビタミン K 製剤の投与を行う．

問 6. 乳頭疾患に関する記述として正しいものはどれか．

 a. 乳頭括約筋損傷では乳頭先端は線維化して，乳頭口の開口が障害される．

 b. 潰瘍性乳頭炎は伝染性乳房炎の一種として発生する．

88 第8章 牛の乳房炎・乳頭疾患

c. 副乳頭の除去は，成牛になってから泌乳開始後に行うことが推奨される．

d. 潰瘍性乳房炎の場合，牛群内の搾乳順序は感染牛を最後に搾乳する．

e. 乳頭管狭窄の治療として，乳頭切除を行う．

第9章　皮膚疾患

一般目標：産業動物の皮膚疾患の原因，症状，診断法および治療法を理解する．

9-1　牛の皮膚疾患

到達目標：牛の皮膚疾患の原因，症状，診断法および治療法を説明できる．
キーワード：皮膚糸状菌症，疥癬，シラミ症，牛乳頭腫，デルマトフィルス症，牛バエ幼虫症，
　　　　　　蕁麻疹，光線過敏症，趾皮膚炎

1．皮膚糸状菌症

【原　因】

　皮膚糸状菌症（dermatophytosis）は，*Trichophyton verrucosum*（牛，羊，山羊，馬），*Microsporum canis*（豚）等の真菌が，皮膚で増殖することによって発症する．

【病態および症状】

　頭頸部が好発部位で，躯幹部にまで広がることもある．発熱や元気消失等の全身症状は示さず，局所病変が主体である．脱毛，角化乾燥，鱗屑化等が認められる．初期には痒感は強くないが，菌が皮膚深部へと増殖すると痒感が増し，壁や柱等にこすりつけることによって群内同居個体へ伝播する．

【治　療】

　自傷による病変部損傷等がなければ，自然治癒する．外用剤としてナナフロシン油剤が著効を示す．

【備　考】

　ヒトへも感染し，抵抗力が弱い状態では病変が形成される．

2．寄生性皮膚炎

【原　因】

　ヒゼンダニの寄生による疥癬（mange）や，ウシジラミやホソジラミが皮膚に寄生することによって発症するシラミ症（pediculosis）による皮膚炎．

【病態および症状】

　痒感が激しく，しきりに舐めたりこすりつけたりするので，脱毛や自傷を生じることがある．牛ではダニは主に尾根部に寄生し，寄生局所の落屑が増え脱毛する．

【治　療】

　殺ダニ剤または殺虫剤の撒布が治療や予防に効果的である．イベルメクチン製剤の外用，内用がともに効果的である．

3. 牛乳頭腫

【病態および原因】
牛乳頭腫（bovine papillomatosis）は，牛，馬，羊，山羊で認められ，動物種に特異的なパピローマウイルスの感染に起因する．2歳齢以下の若齢牛での発生が多く，その他の動物での発症はまれである．

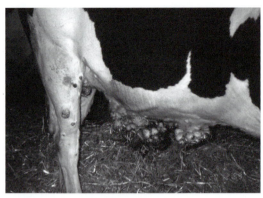

図9-1 牛の下腹部に密集して発生した乳頭腫と，後肢外側および乳房に孤立して発生した乳頭腫．

【症　状】
形成される腫瘤は数mm～数cmで，3～12ヵ月で自然退縮する．腫瘤が乳頭，包皮，趾間皮膚等に形成されると機能障害を併発することがある．

【治　療】
腫瘤は大きさによって外科的切除，結紮壊死，抜去のいずれかの方法で除去できる．有柄性の腫瘤の場合，ハトムギを数日間投与することによって有柄部が壊死し，除去しやすくなることもある．

【予　防】
ウイルス伝播は接触によるので，頭絡やブラシ等を共用しないようにする．除角器や耳標装着器等による伝播も報告されているので，発生牛群においてはそれぞれの消毒を厳にする必要がある．

4. デルマトフィルス症

【病態および原因】
デルマトフィルス症（dermatophilosis）は糸状菌症と同様の皮膚病変を呈するが，原因菌はグラム陽性の放線菌（*Dermatophilus congolensis*）で膿疱を形成することもある．

【症　状】
脱毛して象皮様になっても，痒感は著明ではない．

【治　療】
ペニシリンやストレプトマイシン等の抗菌薬投与が有効である．

5. 牛バエ幼虫症

【原　因】
牛バエ幼虫症（hypodermiasis）は，ウシバエの幼虫が皮膚に寄生することによって発症する．

【病態および症状】
主に躯幹背部に，小さな空気孔を有する数cmの腫瘤を形成する．これが化膿することはまれであり，全身症状を伴うことも少ない．時にアレルギー反応を呈することもあるが，明確ではない．

【治　療】
寄生虫体を外科的に排除することが，最も効果的な治療法である．イベルメクチン製剤は治療効果とともに予防効果も期待できる．

【予 防】

ウシバエを土着させないことが最も重要である.

6. 蕁麻疹

【病態および原因】

蕁麻疹（uriticaria）は，皮膚または粘膜における一過性，限局性の小隆起病変で，軽度の発赤を伴い，大きさや形を変えて周囲に広がることがある．皮下織にまで及ぶ蕁麻疹は，牛より馬での発生が多い．

薬剤や餌が原因となることが多く，馬では花粉，カビ，埃等も原因となる．

【症 状】

数mm～数cmのあまり硬固でない小隆起が，体表に発現する．接触性でない場合には，頚から肩にかけての体表に好発する．痒感を伴うこともあるが，自傷を負うほどひどくはない．脱毛を伴うことはない．

【治 療】

最善の治療法は，原因物質の除去である．馬では，プレドニゾロンを経口投与し，症状が緩和し始めたら徐々に投与量を減少させていく投薬法が利用できる．抗ヒスタミン剤投与も効果的である．

7. 光線過敏症

【原 因】

光線過敏症（photosensitivity）は，皮膚に光感作物質が蓄積し，これが紫外線と反応して皮膚に傷害を及ぼす疾病である．原発性，肝原性，光アレルギー性の原因によって生じる．原発性は，蛍光物質含有植物（クローバーやパセリなど）の多食によって生じる．肝原性は，肝機能の低下に伴い葉緑素クロロフィルの代謝産物であり蛍光物質でもあるポルフィリン，フィロエルスリンが蓄積する．光アレルギー性は，先天性ポルフィリン代謝異常のため，ポルフィリンが蓄積することによる．

【病態および症状】

蓄積した光感作物質が紫外線照射を受けると蛍光活性化され，皮膚や皮下組織に傷害を起こす．白毛

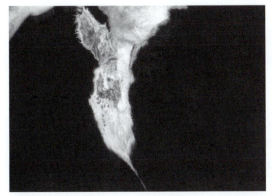

図9-2 レッドクローバーの摂食によって光線過敏症を発症したホルスタイン未経産牛．白色被毛部のみ辺縁明瞭に壊死して皮膚弁を形成している．

図9-3 図9-2と同じ症例．白色被毛部のみが立毛している．黒白皮膚境界部明瞭に壊死し始めている．

92 第9章 皮膚疾患

部および白色皮膚部の発赤，立毛，紅斑，腫脹等が認められ，徐々に皮膚は壊死する．病態の進行とともに白色皮膚部のみが脱落するが，黒色皮膚部には異常が認められない．皮膚脱落部には新鮮創が形成され，ここに感染が生じると二次的障害が継発する．皮膚が完全に脱落せず，壊死した皮膚が病変部を被っていることがある．

【治　療】

病変が発現した場合には，日光が直接当たらない畜舎内で飼養して，紫外線を含む光に当てないようにする．植物中毒に起因する場合には，餌を変更する．原因となる光感作物質は肝臓で代謝されるので，強肝剤投与によって肝臓の解毒能力を補助する．

8. 趾皮膚炎（第13章「13-2-7. 趾皮膚炎」参照）

【原　因】

趾皮膚炎（digital dermatitis）は，蹄間部皮膚にトレポネーマ属菌が感染して炎症を起こす疾病である．

【病態および症状】

症状が進むと患部は腫脹，膨隆しカリフラワー状になって激しい痛みを誘発する．痛みの発現とともに食欲減退，乳量減少等の症状も呈するようになる．感染牛が通ったところを別の牛が通ることによって伝播されるので，フリーストール等の飼養形態で牛群内に蔓延しやすい．

【治　療】

患部を洗浄してオキシテトラサイクリンやチンク油を塗布する．

【予　防】

衛生的な蹄浴，牛床を清潔に保つことが予防に有効である．

9-2　豚の皮膚疾患

> 到達目標：豚の皮膚疾患の原因，症状，診断法および治療法を説明できる．
> キーワード：豚丹毒，滲出性表皮炎，スス病，疥癬

1. 豚丹毒《届出伝染病》

【原　因】

豚丹毒（swine erysipelas）は，*Erysipelothrix rhusiopathiae* 感染による豚とイノシシの届出伝染病である．

【病態および症状】

亜急性感染は，蕁麻疹型と呼ばれ皮膚病変を主徴とする．食欲減退，40℃以上の発熱を呈した後に，耳介，躯幹，四肢外側に丘疹を形成する．典型的な四角形のものは菱形疹といわれ，本症の特徴とされている．重症例では，病変中心部が壊死に陥る．それ以外の場合は，中心部から褪色して5〜10日で消失する．

【治療および予防】

ペニシリン系抗菌薬が有効である．ワクチンによる予防効果も期待できる．

第 9 章　皮膚疾患　　93

2. 滲出性表皮炎（スス病）

【原　因】

　滲出性表皮炎（exudative epidermitis）は，*Staphylococcus hyicus* 感染による豚の急性壊死性皮膚疾患である．数週齢の哺乳豚に発症することが多いが，離乳後の子豚や成豚が発症することもある．比較的温暖な季節に多発する傾向にある．

【病態および症状】

　紅斑が現れ，脂漏性の分泌物が体表を被い，その滲出液に塵埃や垢が付着して外観が黒褐色を呈し，悪臭を放つ．その外観から，スス病といわれる．滲出物はやがて乾燥して痂皮となり，皮膚が肥厚して亀裂を生じる．元気消失，発熱，食欲低下が認められ，下痢や脱水を伴うこともある．重症例では皮膚呼吸が困難となり，衰弱して死亡する．

【治療および予防】

　ペニシリン系あるいはキノロン系抗菌薬の投与と皮膚の消毒が有効である．

　ワクチンはなく，衛生管理と飼育環境の保全が，予防のために重要となる．

3. 疥　癬

【原　因】

　疥癬（mange）は，センコウヒゼンダニの寄生による皮膚炎である．

【病態および症状】

　寄生部位は痒感だけでなく疼痛も感じるので，挙動不振となる．

【治療および予防】

　イベルメクチン製剤は治療効果とともに予防効果も期待できる．寄生部位の外傷処置も必要となる．

9-3　羊，山羊の皮膚疾患【アドバンスト】

> 到達目標：羊，山羊の皮膚疾患の原因，症状，診断法および治療法を説明できる．
> キーワード：伝染性膿疱性皮膚炎，疥癬

1. 伝染性膿疱性皮膚炎《届出伝染病》

【原　因】

　伝染性膿疱性皮膚炎（contagious pustular dermatitis）は，パラポックスウイルス（*Parapoxvirus*）感染によって生じる皮膚疾患である．

【病態および症状】

　口唇部，乳頭，蹄冠部等に丘疹または結節を形成し，病態の悪化に伴い膿瘍や潰瘍となる．病変の拡大が治まれば痂皮を形成し，数ヵ月で治癒するが持続感染することもある．病変形成部位によって，採食困難や歩行障害がみとめられる．病変部からの二次感染が生じると，致死的となることもある．

【治療および予防】

　治療法はなく，病変部は自然治癒していくが，再感染や二次感染を生じさせないよう患部を清潔に保

94   第9章　皮膚疾患

つ．わが国でワクチンは使用されておらず，発症個体の早期摘発隔離が予防の要点である．病変部に接触したヒトの手指や顔面に，同様の病変が生じることもあるので注意が必要である．

2.　疥　癬《届出伝染病》

【原　因】

ヒツジキュウセンヒゼンダニの外部寄生による．

【病態および症状】

激しい瘙痒を生じさせるので，壁にこすりつけたり噛んだりして脱毛を生じさせる．牛とは異なり，寄生部位は全身に及ぶので，接触による群内での拡散も速い．

【治療および予防】

イベルメクチン製剤が有効であり，経口，経皮あるいは注射によって投与する．

《演習問題》（「正答と解説」は 153 頁）

問 1.　光線過敏症の原因として誤りはどれか．
  a.　ワラビの多食
  b.　クローバーの多食
  c.　パセリの多食
  d.　肝機能の低下
  e.　先天性ポルフィリン代謝異常

問 2.　豚に菱形疹を生じる疾患は何か．
  a.　豚丹毒
  b.　豚コレラ
  c.　スス病
  d.　大腸菌症
  e.　疥癬

第10章　血液疾患【アドバンスト】

一般目標：牛，山羊，羊，豚における代表的血液疾患をあげることができ，診断法，治療法を説明できる．

10-1　主な血液疾患

到達目標：代表的血液疾患の病態，原因，症状と診断を説明できる．
キーワード：貧血，鉄欠乏性貧血，タイレリア症，バベシア症，アナプラズマ症[*1]，ヘモプラズマ病，細菌性血色素尿症，新生子黄疸，産褥性血色素尿症，牛白血病，スイートクローバー中毒，ワルファリン中毒

---

1. 貧　血

貧血（anemia）とは，循環血中のヘモグロビン濃度が低下した状態である．その指標として赤血球数，ヘマトクリット（Hct）値あるいは血球容積（PCV），ヘモグロビン濃度が用いられ，それぞれの数値の減少の程度を評価することが病態解明のために重要となる．

【分　類】

貧血はその発生原因によって大きく二つに分けられる．一つは，赤血球産生異常による貧血で再生不良性貧血，鉄欠乏性貧血，巨赤芽球性貧血等がある．もう一つは，赤血球の消費過剰による貧血で溶血性貧血と失血性貧血がある．

ⅰ．再生不良性貧血

再生不良性貧血（aplastic anemia）は造血幹細胞系の異常で，赤血球だけでなく白血球系細胞や血小板の産生も阻害され，汎血球減少症を呈する．薬剤や化学物質，植物中毒（牛のワラビ中毒），免疫介在性疾患等が原因となることが多い．

ⅱ．鉄欠乏性貧血

ヘモグロビン合成に必要不可欠な鉄分は，腸管からも吸収されるが，ほとんどが体内でリサイクルされ肝臓に貯蔵される．リサイクルが障害される，あるいは貯蔵鉄の消費が増加したりすると，ヘモグロビン合成が阻害され酸素運搬能力のない赤血球が生産される．これが鉄欠乏性貧血（iron deficiency anemia）である．ギムザ染色血液塗抹標本では，淡染性で中央部が白く抜けた赤血球像が観察される．

ⅲ．溶血性貧血

溶血性貧血（hemolytic anemia）とは，末梢循環中の赤血球が崩壊して消失していく病態のことである．その原因としては，タイレリアやバベシア等の住血原虫感染，初乳抗体による新生子同種溶血や不適合輸血等の免疫介在性障害，タマネギや化学物質による酸化障害，先天性赤血球異常による自然崩壊

[*1] 家畜伝染病予防法における疾病名は「アナプラズマ病」．

あるいは排除等がある.

iv．失血性貧血

失血性貧血（blood loss anemia）は，創傷や消化管内出血等の際に循環血が体外に放出されることによって生じる貧血である．外傷や手術等の急激な出血による急性失血性貧血と，第四胃や腸管，膀胱，肺等，臓器内での持続的びまん性出血による慢性失血性貧血とがある．

【診　断】

眼結膜，口腔粘膜，鼻腔粘膜等の可視粘膜の色調は，循環血の状態を評価するために有用である．貧血によって循環血量が減少したりヘモグロビン濃度が低下したりすると，それらの粘膜の色調は蒼白になっていく．これらの変化は血液検査において，赤血球数の減少，ヘマトクリット値の低下，ヘモグロビン濃度の低下として測定される．赤血球の大きさ（赤血球容積）は，動物種によって異なっており，特に羊および山羊において赤血球は他の動物に比べて小さいので，ヘマトクリット値は低値を示すが赤血球数は十分量認められる．また，貧血からの回復期には，赤血球の大小不同が発現する．したがって，貧血を診断する場合には複数の指標によって判断することが重要である．さらに貧血の原因を判定するため必要に応じて，血清鉄濃度，腎機能，骨髄液等の検査も実施する必要がある場合もある．

【治　療】

原因療法と必要に応じて対症療法を実施する．貧血という病態の改善のみに主眼を置いた治療では，高い効果は望まれない．貧血の原因となっている因子への対応，すなわち化学物質や中毒物質の解毒，住血原虫の駆虫，不足している造血因子の補充等が必要となる．

2．タイレリア症（牛）《法定伝染病》[*2]

【病態および原因】

牛のタイレリア症（bovine theileriosis）は，ダニ媒介性のタイレリア（*Thileria*）属原虫の寄生に起因する．牛では *T. parva* 寄生による東海岸熱や *T. annulate* 寄生による熱帯タイレリア症が法定伝染病に指定されているが，日本での発生はない．日本では，小型ピロプラズマ症[*3] として *T. orientalis* 感染症が，特に放牧病として問題になる．分娩，輸送，馴致不足のままでの放牧等，過度のストレス負荷は発症要因となる．以下に，小型ピロプラズマ症の概要を示す．

【症　状】

感染初期には発熱するが，その他著明な症状はない．赤血球寄生原虫の増加とともに貧血が著明となるが，黄疸は慢性経過の症例で軽度に認められる程度である．血色素尿は，重症例においても認められない．

【診　断】

血液塗抹のギムザ染色標本で，赤血球内原虫を確認することが可能で，診断の根拠となる．

【治　療】

アミノキノリン製剤やジミナゼン製剤が赤血球内原虫に対して有効であるが，日本ではアミノキノリン製剤の入手が困難である．輸血や補液等，貧血に対する対症療法も有効である．

[*2] *Babesia bigemina*, *B. bovis*, *B. equi*, *B. caballi*, *Theileria parva*, *T. annulata* を病原体とするピロプラズマ症は，法定伝染病に指定されている．

[*3] 家畜伝染病予防法における疾病名は「ピロプラズマ病」．

【予　防】

　本症の予防のためにはダニ対策は重要で，殺ダニ剤投与によるダニ吸血阻止，十分な休牧による放牧地からのダニ駆除等が効果的である．

3．バベシア症（牛）《法定伝染病》[*2]

【病態および原因】

　牛の**バベシア症**（bovine babesiosis）は，ダニ媒介性のバベシア（*Babesia*）属原虫の寄生に起因する．牛に *B. ovata* が寄生した症例を，日本では大型ピロプラズマ症としている．

　重篤な症状を呈することはまれであるが，媒介ダニが共通である *T. orientalis* との混合感染が多く，その際には急性で重症化しやすい．

【症　状】

　感染初期に発熱が認められ，食欲低下，元気消失等を呈する．寄生率の上昇に伴い黄疸や血色素尿が認められ，重症化すると死亡する．

【診　断】

　血液塗抹のギムザ染色標本で，赤血球内原虫を確認することが可能で，診断の根拠となる．

【治療および予防】

　タイレリア症に準じる．

4．アナプラズマ症（牛）

【病態および原因】

　牛の**アナプラズマ症**（anaplasmosis）は，ダニ媒介性のアナプラズマ（*Anaplasma*）属リケッチアの感染に起因する．病原体は *A. marginali* および *A. centrale* の2種であり，前者の方が病原性が強く日本では法定伝染病に指定されている．

【症　状】

　感染初期に発熱，食欲低下等が認められ，溶血性貧血が進行する．血色素尿が認められることはまれである．

【診　断】

　血液塗抹のギムザ染色標本で，病原体の確認が可能であり，診断の根拠となる．

【治　療】

　テトラサイクリン系の抗菌薬が有効であり，根治のためには長期間投与が必要とされている．

【予　防】

　吸血媒介昆虫の駆除は，本症予防のための有効な手段である．

5．ヘモプラズマ病（牛，羊）

【病態，原因および症状】

　ヘモプラズマ病（hemoplasmosis）は，吸血節足動物媒介性のマイコプラズマ（*Mycoplasma*）属感染に起因する．

　赤血球寄生マイコプラズマをヘモプラズマと呼び，牛，豚，羊，山羊にそれぞれ固有の病原体が存在する．病原体は赤血球に付着，それらの赤血球は異物として排除されるために溶血性貧血を生じること

がある.

【診　断】

血液塗抹のギムザ染色標本で，病原体の確認が可能であり，診断の根拠となる.

【治　療】

テトラサイクリン系抗菌薬が有効であるが根治は困難で，感染動物はキャリアーとなる.

【予　防】

吸血媒介昆虫の駆除は，本症予防のための有効な手段である.

6. 細菌性血色素尿症

【病態および原因】

細菌性血色素尿症（bacillary hemoglobinuria）は，クロストリジウムやレプトスピラ等の細菌感染によって生じる溶血に起因して，尿中にヘモグロビンが混入する病態の総称である.

【症　状】

発症後の経過が速く，突然死することもある.血色素尿が排出され，貧血を呈する.

【治　療】

抗菌薬投与や輸血等，対症療法が治療の主体となるが，経過が速いため，治療困難な場合が多い.

7. 新生子黄疸

【病態および原因】

新生子黄疸（neonatal jaundice）は，胎子赤血球に対する同種赤血球抗体が母体に産生され，それを含む初乳を摂取した新生子に発症する新生子同種赤血球溶血症である.

【症　状】

初乳摂取後に元気消失，黄疸，呼吸困難等の症状を呈し，重症例では血色素尿が排出される.

【診　断】

赤血球数の急激な減少や赤血球凝集が認められ，クームス試験は陽性となる.

【治　療】

母乳の投与を中止し，ステロイド剤を投与することによって症状は緩和する.重症の場合には輸血をする.

8. 産褥性血色素尿症

【病態，原因および症状】

産褥性血色素尿症（postparturient hemoglobinuria）は，低リン血症が原因と考えられる分娩後に発症する血色素尿症である.ビートやビートパルプ等の根菜類を多給されている分娩後2～3週目の牛に発症する.

赤血球浸透圧抵抗が減弱し，溶血性貧血を呈する.

【治　療】

リン製剤の投与によって血中リン濃度を上昇させ，重症の場合には輸血する.

【予　防】

根菜類の多給を避け，分娩後に飼料にミネラル添加剤を給与し，十分量のリンを与える.

第 10 章　血液疾患　　99

9. 鉄欠乏性貧血（豚）

豚以外の動物に関しては「10-1-1. 貧血」の項参照.

【病態および原因】

新生豚が初乳を摂取すると循環血量が増加し，相対的に赤血球が減少する．これを補うために鉄が動員されて，造血が行われる．豚は，これに対応するために，胎子期から貯蔵鉄を準備しているが，造血が活発すぎると鉄供給が不足して，鉄欠乏性貧血（iron deficiency anemia）を生じる．出生後 2 〜 3 日目から鉄のバランスが崩れ始め，10 日齢頃から貧血が生じる．これは病的な貧血ではなく，新生豚の生理的貧血として認識されている.

【予　防】

2 〜 3 日齢で鉄剤を注射する.

10. 牛白血病《届出伝染病》

【原　因】

牛に発生するリンパ腫のうち，ウイルス感染に起因する病態と不特定の原因による病態とをまとめて牛白血病（bovine leukosis）と称する．地方病性（endemic form）あるいは成牛型（adult type）と散発性（sporadic form）とに大別される．牛白血病のほとんどが地方病性牛白血病（enzootic bovine leukosis, EBL）であり，牛白血病ウイルス（bovine leukemia virus, BLV）感染に起因する．散発性には子牛型，胸腺型（あるいは若齢型），皮膚型牛白血病および分類不能なリンパ腫が含まれる．散発性牛白血病に関しては現在までのところ，どれからも特定の感染因子（ウイルスや細菌等）あるいは病原因子（飼養環境や系統等）は確認されていない.

【病態および症状】

EBL は発症までに長い潜伏期間が必要で，潜伏期間中は特に症状は認められない．発症すると食欲不振ないし廃絶，体表リンパ節の腫大，削痩，腹腔内リンパ節の腫脹等が認められる．胸腔内リンパ節の腫瘍化の程度によって不整脈，頻脈，呼吸促迫，努力性腹式呼吸等が認められる．排便量の減少，水様便，黒色便等の便性状は，腸管膜リンパ節あるいは腸管粘膜リンパ濾胞が腫瘍化することによる消化管運動および粘膜の障害の程度と密接に関連している．牛における眼球突出症は，BLV 感染に起因する場合が多い．すなわち，眼窩深部のリンパ節が腫大することによって眼球が押し出される．病態末期には，骨盤腔内の腫大したリンパ節が後肢に分布する神経を圧迫して，起立困難あるいは不能になる.

【診　断】

EBL の診断は，BLV 感染の有無による．ELISA による BLV 抗体検出キットが市販されている．白血球 DNA を用いた BLV プロウイルス遺伝子の検出法も利用されており，特異性が高く検出感度も優れている.

【治療および予防】

治療法はなく，医原性のウイルス伝播を引き起こさないよう予防に心がける.

11. スイートクローバー中毒

【原　因】

スイートクローバー中に含まれるクマリンがビタミン K と競合することによって血液凝固系を阻害

100   第 10 章　血液疾患

し，出血傾向が現れる．これが**スイートクローバー中毒**（sweet clover poisoning）である．クマリン系殺鼠剤の成分であるワルファリンによっても同様の現象が生じ，殺鼠剤に汚染された飼料によって生じる場合を**ワルファリン中毒**（warfarin poisoning）と称する．

【症　状】

初期には，筋肉内あるいは関節腔内の出血によって跛行を呈する．摂取量が多かったり解毒が遅れると，血腫を形成したり消化管内出血の症状を呈する．

【治　療】

スイートクローバーや殺鼠剤に汚染された飼料の給与を中止し，ビタミン K を投与する．

《演習問題》（「正答と解説」は 153 頁）

問 1. 牛の溶血性貧血の<u>原因とならない</u>ものはどれか．

　a. タイレリア症

　b. バベシア症

　c. 低リン血症

　d. 低マグネシウム血症

　e. 水中毒

問 2. 牛の血液疾患のうち，診断した際に行政手続きが<u>不要なもの</u>はどれか．

　a. *Thileria parva*

　b. *Thileria annulata*

　c. *Anaplasma centrale*

　d. *Babesia bovis*

　e. 牛白血病

第 11 章　中　毒

一般目標：中毒の原因物質，症状，診断法および治療法を理解する.

11-1　有毒植物による中毒

到達目標：有毒植物による中毒の病態，原因，症状，診断法および治療法を説明できる.
キーワード：ワラビ中毒，腫瘍性血尿症，アルカロイド中毒，ユズリハ中毒，光線過敏症，ト
　　　　　　リカブト中毒，苦味質中毒，蛍光物質中毒，タマネギ中毒

1. ワラビ中毒（腫瘍性血尿症）〔第 6 章「6-3-2. 腫瘍性血尿症（ワラビ中毒）」参照〕

【病態，原因および症状】

　牛のワラビ中毒（bracken poisoning）〔腫瘍性血尿症（neoplastic hemouria）〕は，ワラビに含まれる発癌物質プタキロシドを長期間摂取することによって発症する.

　急性中毒では造血機能低下によって汎血球減少症を生じ，血液凝固不全が起こり出血傾向を示す. また，再生不良性貧血像を呈し重症の場合には斃死する. 慢性中毒では，膀胱粘膜に血管腫が形成されることによって血尿症を生じる.

【治療および予防】

　ワラビを摂食させないようにして，対症療法によって回復を待つ. 重症の場合には，輸血も考慮する.

【備　考】

　馬もワラビの摂食によって中毒症を呈するが，症状は牛と異なり運動失調や痙攣等の神経症状が発現する. これはワラビに含まれるチアミナーゼの影響によるビタミン B_1 欠乏の結果生じる.

2. アルカロイド中毒

【病態，原因および症状】

　アルカロイド中毒（alkaloid poisoning）は，アルカロイドを含む植物（ユズリハ，トリカブト等）の摂食によって生じる. 北海道ではエゾユズリハが自生しており，同様の中毒が生じる.

　ユズリハ中毒（daphniphyllum poisoning）は，急性肝障害を主徴とし，初期には起立不能や体温低下を示す. 可視粘膜の黄疸やチアノーゼが認められる. 経過の長い例では，光線過敏症（photosensitivity）が認められることがある. トリカブト中毒（aconite poisoning）では流涎，呼吸困難，痙攣や運動障害等が認められる. 出血傾向を示すこともある.

【治　療】

　治療としてヨード剤や活性炭の経口投与，強肝剤投与等によって解毒を促す. タンニンは，アルカロイドと強く結合して難溶性の塩を作るので，アルカロイド中毒の治療には有用であり，主に経口投与で用いられる.

3. 苦味質中毒

【病態，原因および症状】

苦味質中毒（amaroid poisoning）は，シキミ，ドクゼリ等の苦味質を有する植物の摂食によって生じる．シキミの実には特に痙攣毒が多く，間代性痙攣を起こし，呼吸困難から呼吸麻痺に陥り斃死する．

【治　療】

強肝剤や強心剤投与等，対症療法を行う．

4. 蛍光物質中毒

【病態，原因および症状】

ソバ，パセリ，クローバーに含まれる蛍光物質を大量に摂取する，あるいは葉緑素の代謝産物である蛍光物質の肝臓における処理能力の低下等によって蛍光物質が皮下に蓄積する．これを蛍光物質中毒（fluorescent material poisoning）という．白色被毛部や白色皮膚領域が日光に曝露されると，紫外線が表皮を通過して蓄積している蛍光物質にまで達して炎症が生じる（光線過敏症）．肝線維症等によって，肝機能低下をきたしている牛に発症しやすい．

【予防および治療】

原因物質の摂食を制限し，直射日光に当たらないようにして強肝剤を投与する．

5. タマネギ中毒

【病態および原因】

ネギ類に含まれるアリル基化合物によってヘモグロビンが酸化され，血管内溶血による赤血球破壊が生じる．これをタマネギ中毒（onion poisoning）という．

【症　状】

赤血球内にハインツ小体が認められ，黄疸を伴う貧血所見が著明となる．

【治　療】

赤血球の酸化障害を軽減させるために，ビタミンE製剤を投与する．重症の場合には，輸血が必要となる．

第 11 章　中　毒　　103

11-2　飼料による中毒

> **到達目標**：飼料による中毒の病態，原因，症状，診断法および治療法を説明できる．
> **キーワード**：硝酸塩中毒，青酸中毒，シュウ酸中毒，マイコトキシン中毒，エンドファイト中毒，
> 　　　　　　　フェスクフット

1.　硝酸塩中毒

【病　態】

硝酸塩は強力な酸化作用を有しており，ヘモグロビンの Fe^{2+} を Fe^{3+} に酸化してメトヘモグロビンに変化させる．メトヘモグロビンは酸素結合しないので血液はチョコレート色になり，組織は酸素欠乏となる．

【原　因】

硝酸塩中毒（nitrate poisoning）は，窒素肥料の多給や多雨洪水による発酵不十分な堆肥の流出等に曝された牧草を摂食することによって発生する．それらの牧草は窒素含量が高く，硝酸態のみならず亜硝酸態（硝酸塩）も蓄積しやすくなる．

【症　状】

可視粘膜は，この血液の色を反映し，牛は起立不能となる．症状の進行は早く，急死することもあるのでポックリ病とも呼ばれる．

【治　療】

1% w/v メチレンブルー生理食塩液を，体重 1 kg あたり 1 mL 投与することによって Fe^{3+} は還元されてヘモグロビンへと復帰する．

2.　青酸中毒

【病　態】

シアンは，ヘモグロビンと強く結合するので酸素運搬が不可能となり，組織は低酸素状態となる．

【原　因】

青酸中毒（hydrocyanic acid poisoning）は，青刈りトウモロコシ，クローバー，キャッサバ等に含まれるシアンによる中毒である．

【症　状】

低酸素に起因する様々な症状が発現し，対処が遅れると斃死する．

【治　療】

3% 亜硝酸ナトリウムを静脈内投与して血中のシアンと結合させ，25% チオ硫酸ナトリウムを投与してシアン結合体の尿中への排泄を促す．

3.　シュウ酸中毒

【病態，原因および症状】

シュウ酸中毒（oxalate poisoning）は，セタリア等の熱帯牧草に多く含まれるシュウ酸による中毒で

ある.

シュウ酸はカルシウムと結合して不溶性の塩を作り吸収が阻害されるので，低カルシウム血症が生じる．シュウ酸カルシウム結晶が尿細管に栓塞すると，腎不全を生じる．シュウ酸は消化管粘膜を刺激して炎症を生じさせるので，消化器症状も発現する.

【治　療】

カルシウム剤の投与によって不足しているカルシウムを補給し，大量の輸液によってシュウ酸カルシウム塩の排泄を促す.

4. マイコトキシン中毒

【病態，原因および症状】

カビ毒は真菌の代謝産物で，カビ毒の種類は真菌の種類に依存する．**マイコトキシン中毒**（mycotoxicosis）は，カビにより汚染された変敗飼料を摂食することによって生じる中毒．その原因毒素はアフラトキシン，デオキシニバレノール，ゼアラレノン等である．これらの毒素の飼料許容基準は，飼料安全法によって定められている.

変敗飼料を摂食した牛は，下痢や肝機能障害の症状を呈する．ゼアラレノンはエストロジェン活性を有し，死流産等の繁殖障害を引き起こすこともある.

【治　療】

強肝剤投与によって解毒を促し，腸内環境の改善に努める.

5. エンドファイト中毒

【病態，原因および症状】

エンドファイト中毒（endophyte poisoning）は，ペレニアルライグラスやトールフェスク等のイネ科牧草と共生する内生菌（エンドファイト）の大量摂取によって生じる中毒である.

エンドファイトが産生するエルゴバリンの作用によって血管が収縮する．末端における熱放散が阻害されることによって体温が上昇したり（夏期），凍傷が生じたりする（冬期）．冬期に生じる四肢の壊疽，蹄の剝離や末端皮膚の壊死等は**フェスクフット**（fescue foot）と呼ばれる.

ペレニアルライグラスのエンドファイトに起因する強直性歩様や四肢の痙攣等の症状をライグラスタッガー（よろめき病）という．これはエンドファイトが産生する神経毒による作用である．他の神経症状を呈する疾患との類症鑑別が重要となる.

【治療および予防】

エンドファイトに対する特効薬はなく，対症療法を行う．カビ毒を除去する飼料添加物を利用することも，対策法としては有効である.

第 11 章　中　毒　　105

11-3　農薬，化学物質による中毒

到達目標：農薬，化学物質による中毒の病態，原因，症状，診断法および治療法を説明できる．
キーワード：有機リン酸中毒，パラコート中毒，有機塩素剤中毒，殺鼠剤中毒，尿素中毒，鉛中毒，
水銀中毒，モリブテン中毒

1．有機リン酸中毒

【病態および原因】

有機リン酸は殺虫剤等に多く含まれる物質で，コリンエステラーゼ抑制作用がある．汚染飼料の摂食によって中毒が生じ，副交感神経刺激症状が発現する．これが**有機リン酸中毒**（organophosphate poisoning）である．重症例では，呼吸筋麻痺が起こる．

【治　療】

拮抗剤として主にアトロピン製剤が投与されるが，症状をみながら投与量を調整する．

2．パラコート中毒

【原　因】

パラコート中毒（paraquat poisoning）は，除草剤として用いられるパラコート剤に汚染された飼料を摂食することによって生じる中毒である．

【症　状】

嘔吐，下痢等の消化器症状から始まり，腎不全，肝不全へと進行する．

【治　療】

対症療法が治療の主体となり，利尿や強肝剤投与によって，中毒原因物質の排泄を促進する．

3．有機塩素剤中毒

【原　因】

有機塩素剤中毒（organic chloride poisoning）は，殺虫剤，殺菌剤，土壌消毒剤等に含まれる有機塩素に接触することによって生じる．

【症　状】

呼吸器系に対する障害が強く発現する．

【治　療】

対症療法で対応する．

4．殺鼠剤中毒（rodenticide poisoning）

クマリン系殺鼠剤によるワルファリン中毒は，第 10 章「10-1-11．スイートクローバー中毒」の項参照．

5. 尿素中毒

【原　因】

　尿素は第一胃液微生物にとって必須の養分であるが，多給されると大量のアンモニアが生成され，アンモニア中毒が生じる．稲わらの不完全発酵なアンモニアサイレージの給与によっても生じる．

【症　状】

　尿素中毒（urea poisoning）になった牛は不安の様相を呈し，強直性痙攣，呼吸困難を示して斃死する．

【治　療】

　早期に発見して大量輸液，抗アンモニア剤投与を実施すれば，治療効果がみられることもある．

6. 鉛中毒

【原　因】

　塗料を舐めることによって，それに含まれる鉛成分が引き起こす中毒．

【症　状】

　子牛に発生しやすく，歩行異常，視力障害．旋回運動，流涎等，中枢障害を疑わせる症状が発現する．

【治　療】

　鉛キレート剤の投与が有効である．カルシウムキレート剤を代用することもできる．大脳皮質壊死症との鑑別が必要となり，ビタミン B_1 剤投与によって回復が認められなければ，鉛中毒（lead poisoning）である可能性が高い．

7. 水銀中毒

【原　因】

　公害で問題となって以降厳しく監視されるようになり，使用も制限されているので環境中に水銀が存在することはほとんどないが，畜産現場においては，水銀体温計の需要が高く，現在も広く使用されている．

【治　療】

　水銀中毒（mercury poisoning）では，消化器症状を主徴とし，中枢神経異常も呈する．キレート剤の投与による治療も可能であるが，畜産物として流通させるべきではない．

8. モリブテン中毒

【病　態】

　モリブテンは銅と結合して不溶性の塩を形成するので，モリブテン中毒（molybdenum poisoning）は銅欠乏と同じ症状を呈する．

【原　因】

　鉱山や精錬工場近くの牧草地の草で，モリブテン含量の高い草を採食した牛に発症する．

【症　状】

　被毛の褪色と縮れが主症状で，特に両眼周囲に病変が発現しやすい．慢性では，貧血，削痩，発育不良がみられる．

第 11 章　中　毒　　107

【治　療】

　経口的に銅添加飼料を給与することによって，症状を改善することができる．

《演習問題》（「正答と解説」は 153 頁）

問 1.　エンドファイト中毒に関する記述で誤りはどれか．
　　a.　フェスクフットはエルゴバリンの作用による．
　　b.　フェスクフットは末梢血管が拡張することによって生じる．
　　c.　ライグラスタッガーは神経症状の一つである．
　　d.　イネ科牧草の内生菌が原因である．
　　e.　特効薬はない．

問 2.　牛の鉛中毒に関する記述で誤りはどれか．
　　a.　老齢牛に認められやすい．
　　b.　歩行異常が認められる．
　　c.　視力障害が認められる．
　　d.　流涎過多となる．
　　e.　鉛キレート剤に治療効果がある．

第 12 章　神経疾患【アドバンスト】

一般目標：牛・山羊・羊における代表的な神経疾患をあげることができ，診断法，治療法を説明できる．

12-1　神経症状を示す主な疾患

到達目標：代表的な神経疾患の病態，原因，症状と診断法および治療法を説明できる．
キーワード：日射病，熱射病，ビタミン B_1 欠乏症，大脳皮質壊死症，神経型ケトーシス，低カルシウム血症，低マグネシウム血症，ヘモフィルス症，リステリア症，破傷風，ボルナ病，伝達性海綿状脳症，牛海綿状脳症，スクレイピー，先天性中枢神経異常，腰麻痺，脳脊髄糸状虫症

1. 日射病・熱射病

【病　態】

体温の産生過剰と放散抑制により体内の蓄熱量が増加し，体温が上昇する．脱水と末端血管の拡張により，脳および全身血液循環量が減少するとともに，脳充血により興奮または沈うつ等様々な神経症状が発現する．

【原　因】

炎天下または高温多湿環境下での長時間の放牧・繋牧・輸送・運動，給水不足あるいは換気不全畜舎等が原因となる．

【症　状】

まず，倦怠，発汗，呼吸速迫，歩様蹌踉がみられる．体温上昇（40℃以上），過呼吸，虚脱，心悸亢進，チアノーゼがみられる．DIC の併発もある．神経症状として，痴鈍，不安興奮，狂騒，痙攣，失神を呈する．経過は急速であり，死亡することもある．

【診　断】

環境要因，症状および臨床検査所見から診断する．

【治　療】

環境の改善（直射日光を避け，通風をよくする），十分な飲水，および体温を下げること（冷罨法，水道水をかける等）を実施する．リンゲル液，生理食塩液の大量輸液を行う．補助的に強心剤，栄養剤の投与も行われる．

【予　防】

本症の発生が予想される気候条件下では発症要因となる事柄を避ける．風通しの良い日陰や送風機を利用する等，飼養環境を改善する．

第 12 章　神経疾患　　109

2. ビタミンB₁欠乏症（大脳皮質壊死症）（牛）

ビタミンB₁欠乏症のうち，ここでは中枢神経症状を示す大脳皮質壊死症について述べる．

詳細については第7章「7-4-7. ビタミンB₁（チアミン）欠乏症」の項を参照．

【病態および原因】

ビタミンB₁欠乏による糖質代謝の異常により脳内の糖・エネルギー代謝が阻害され，特に大脳皮質の浮腫と壊死が生じる．

【症　状】

神経症状は多様で，歩様異常，運動失調，筋肉の振戦，盲目，流涎，歯ぎしり，沈うつ（頭部下垂，茫然起立）等を呈し，急性経過で全身痙攣，起立不能，昏睡から死亡することもある．

【診　断】

神経症状と疫学的状況（2歳未満の若牛で多発，濃厚飼料多給等）から本症を疑う．臨床的には診断的治療（ビタミンB₁投与）に対する反応により診断するが，確定診断には組織や血液中のチアミン濃度の定量（正常：30 ng/mL）および組織学検査が必要となる．

【治　療】

早期のビタミンB₁の投与．

3. 神経型ケトーシス

詳細については第7章「7-2-1. ケトーシス」の項を参照．

【病　態】

ケトン体分解産物および低血糖による中枢神経への作用のため神経症状が発現する．

【原　因】

生体内ケトン体の増量および低血糖による．

【症　状】

歯ぎしり，前がき，知覚過敏，興奮～狂騒，痙攣，旋回，斜頸，前肢進退，嗜眠，後躯不全麻痺等の症状がみられる．

【診　断】

臨床症状に加えてケトーシスの診断による．

【治　療】

糖質・糖原物質を投与する．

4. 低カルシウム血症

【病　態】

血中カルシウムの低下による末梢および中枢神経の興奮性上昇ないし活動性低下により，初期には興奮，次いで麻痺，意識障害等の神経症状が発現する．

【原　因】

血中カルシウムの低下による．

【症　状】

分娩後1～2日で多発する．初期には歯ぎしり，食欲低下，不安，興奮，筋肉振戦，後躯ふらつき，

起立不能がみられるが，次第に体温低下，瞳孔散大，対光反射・皮膚知覚・胃腸運動の低下，食欲廃絶を呈する．

【治　療】

ボログルコン酸カルシウム剤を投与する．

5. 低マグネシウム血症

【病　態】

血中マグネシウムの低下による神経細胞および筋の興奮性上昇により，強直性痙攣等の神経症状が発現する．

【原　因】

飼料中のマグネシウムの不足による血中マグネシウムの低下が原因．長時間輸送後にも発生する．

【症　状】

慢性型では知覚過敏，興奮，筋肉震顫，歩様蹌踉，起立不能等の症状が発現するが，急激に強直性痙攣を呈する甚急性型または急性型がある．

【治　療】

硫酸マグネシウム剤を投与する．

6. 伝染性血栓塞栓性髄膜脳炎（ヒストフィルス・ソムニ感染症, ヘモフィルス症）（牛）

【病　態】

原因細菌が日和見感染的に敗血症から中枢神経に侵入することにより血栓塞栓症を伴う髄膜脳炎・脊髄炎が生じる．血行性に播種するため胸膜肺炎，多発性関節炎，敗血症も併発することが多い．

【原　因】

Histophilus somni（旧 *Haemophilus somnus*）感染による．常在菌であり，発症には寒冷や輸送のストレスが関与する．

【症　状】

初期には食欲不振〜廃絶，鼻汁排出，40℃以上の発熱，動作緩慢等がみられるが，急激に悪化して起立不能となり，神経症状を呈して死亡する（死亡率90％）．髄膜脳炎は中枢神経全般にわたる炎症であり，神経症状も意識混濁，閉眼，虚脱，昏睡，流涎，失明，斜視，眼球振盪，弓なり緊張，痙攣，知覚過敏等多彩である．その他肺炎，胸膜炎，多発性関節炎が併発する．

【診　断】

急激な神経症状と肺炎症状から本症を疑う．脳脊髄液は増量し，混濁，フィブリンおよび細胞数の増加がみられる．また，脳脊髄液から病原菌分離または PCR による検出が可能であり，確定診断となる．血清抗体価が上昇するが，急性症例では抗体検出が困難である．鑑別診断として，大脳皮質壊死症，リステリア症，低マグネシウム血症，低カルシウム血症，中毒等を考慮する．

【治　療】

βラクタム系抗菌薬が有効である．

【予　防】

不活化ワクチンが利用できる．

第 12 章　神経疾患　　111

7. リステリア症（牛，山羊）

【病　態】

原因菌が三叉神経経由で脳に侵入し，延髄・小脳・脳幹部に微小膿瘍を形成することにより神経症状が発現する．

【原　因】

Listeria monocytogenes 感染による．原因菌は変敗サイレージ，特にラップサイレージ内で増殖し，口粘膜の傷から侵入する．人獣共通感染症である．

【症　状】

発熱および脳炎症状が主である．神経症状としては，知覚過敏，不安，平衡感覚失調（物に寄添う，頭を物の間隙に押付ける，斜頚，旋回運動，後弓反張），起立不能・横臥，舌麻痺（流涎）等がみられ，死亡する．その他，流産または敗血症（発熱と食欲不振，抑うつ）もみられることがある．

【診　断】

生前の確定診断は困難である．脳脊髄液，血液等から菌を検出する．死亡または病性鑑定動物の病理解剖材料の細菌学的検査により確定できる．

【治　療】

リステリア菌は各種抗菌剤に感受性で，特にアンピシリン，ゲンタマイシン，テトラサイクリンが有効であるが，神経症状発現後の予後は不良である．

【予　後】

変敗サイレージ給与を行わない．

8. 破傷風 《届出伝染病》

【病　態】

創傷，手術創，去勢，除角，断尾，分娩後子宮等に菌が侵入し，嫌気状態で増殖する．破傷風菌は毒素を産生し，中枢神経に作用する．多くの哺乳動物に感受性で，馬とヒトが最も高感受性であり，次いで山羊・羊，牛は比較的感受性が低い．

【原　因】

Clostridium tetani 感染による．

【症　状】

1 〜 3 週間の潜伏期の後に，発症する．食欲飲水欲はあるが嚥下・飲水困難，流涎，歩様強拘，開張姿勢をとる．重症のものでは後弓反張，あるいは刺激に対して全身の強直性痙攣を呈する場合もあり，呼吸筋の痙攣で死亡することもある．

【診　断】

創傷等の既往歴，臨床症状，近隣での発生状況およびワクチン接種歴から本症を疑う．特徴的な症状から診断可能なことも多い．菌は感染巣に限局しており，病変部の直接塗抹標本をグラム染色することにより，特徴的な菌体（太鼓バチ状，ラケット状の芽胞菌）が検出されることもある．

【治　療】

破傷風血清および抗菌剤としてペニシリンを投与する．また，創傷部における病巣を清掃する．筋の強直に対して鎮静剤投与も有効である．刺激による痙攣防止のため，罹患動物を暗い静かな場所に移動

112   第12章　神経疾患

させる.

【予　防】

ワクチンが利用できる.

9．ボルナ病

【病　態】

馬，牛，猫，犬で発生がみられるが，多くは不顕性感染であり，伝播経路は不明である．臭球神経上皮からの感染あるいは垂直感染が疑われている．ボルナウイルス感染は非化膿性脳脊髄炎を起こし，神経症状を発現する.

【原　因】

ボルナウイルス感染による.

【症　状】

進行性運動失調，沈うつ，昏睡状態が特徴的である．ほかに体温低下や食欲不振等の非特異症状と，脳脊髄炎の症状として行動異常，旋回運動，失明，後肢麻痺，眼球振盪，斜視，興奮，死亡等が認められる.

【診　断】

血清および脳脊髄液から抗体を検出することにより感染を証明できる．末梢血から RT-PCR によりウイルスを検出できる．剖検例の病理組織診断により確定診断できる.

【治　療】

治療法はない.

10．伝達性海綿状脳症（牛海綿状脳症，スクレイピー）《法定伝染病》

【原　因】

異常プリオンタンパク質の脳内での増加による．紫外線照射，ホルマリン処理，一般の消毒薬に抵抗性である．牛海綿状脳症（bovine spongiform encephalopathy，BSE）病原体は BSE プリオン，羊のスクレイピー病原体はスクレイピープリオンと呼ばれる.

1）牛海綿状脳症

【病　態】

経口的に取り込まれた BSE プリオンは消化管から体内に侵入し，末梢神経経由で中枢神経に至る．中枢神経の空胞変性および星状膠細胞の増生がみられる.

【症　状】

4〜6年の潜伏期を経て発症するが，若齢での発症例もある．三大症状として，不安，知覚過敏，運動失調が特徴的であり，不安動作等の行動異常，音や接触に対する過敏反応，運動失調が認められる．症状は進行性で，転倒，起立不能等の運動失調が増悪する.

【診　断】

臨床症状だけからは診断できない．農林水産省の「**牛海綿状脳症**に関する特定家畜伝染病防疫指針」では，「農場段階で，治療に反応せず，①性格の変化，②音，光，接触等に対し神経過敏，③頭を低くし柵等に押しつける動作を繰り返す，④歩様異常または後躯麻痺という進行性の臨床症状（特定臨床症状）」を呈した牛については，家畜保健衛生所に通報するよう規定されている.

確定診断は中枢神経から異常プリオンを検出することであり，ELISA，ウエスタンブロット，免疫組織化学が用いられる．

【治　療】

ワクチンおよび治療法はない．

2）スクレイピー（羊，山羊）

【病　態】

スクレイピープリオンは中枢神経組織のほか，リンパ組織，胎盤に存在する．このため出生直後の母子感染（経口感染）が伝播の主体と考えられている．経口的に取り込まれた異常プリオンは消化管から体内に侵入し，末梢神経経由で中枢神経に至り，空胞変性および星状膠細胞の増生を起こす．

【症　状】

2〜5年の潜伏期を経て海綿状脳症を発症する．中枢神経障害に起因した異常行動，過敏症（知覚，触覚，視覚），不安，歩様異常，後躯麻痺，泌乳量低下，一般健康状態の悪化から起立不能となり死に至る．羊では脱毛と瘙痒症を認める例もある．

【診　断】

症状から本症を疑う．BSEと同様，確定診断は中枢神経から異常プリオンを検出することであり，ELISA，ウエスタンブロット，免疫組織化学が用いられる．ただし，羊では発症以前に扁桃やリンパ節等の組織でプリオンが検出されるため発症前診断も可能である．

【治療および予防】

ワクチンおよび治療法はない．スクレイピー感染抵抗性を有する羊群の改良が行われている．

11. 先天性中枢神経異常

【病　態】

中枢神経の一部の形成異常ないし欠損，あるいは頭蓋骨や椎骨の変形が生じることにより，中枢神経機能の異常を呈する．罹患部位により症状が異なる．代表的な先天性中枢神経異常として，水頭症と小脳形成不全を記す．

水頭症：脳脊髄液の過剰な貯留により，脳死の拡大と頭蓋内圧亢進が生じる．脳は全体に菲薄化し脳機能は減退する．

小脳形成不全：小脳の形成不良または欠損のため，小脳機能不全となり運動障害がみられる．

【原　因】

遺伝性，感染性および栄養性因子が知られているほか，原因が不明なものも多い．

先天性中枢神経異常を起こす感染性因子としては，アカバネウイルス，チュウザンウイルス，アイノウイルス，牛ウイルス性下痢ウイルス（BVDV），ブルータングウイルス等がある．

各感染性因子と主な病変を表12-1に示した．

【症　状】

水頭症：頭部の異常膨隆，顔面の非対称性，起立困難，運動失調，歩様異常，哺乳困難，盲目，痙攣等．

小脳形成不全：頭部・体幹・四肢運

表 12-1　先天性中枢神経異常を起こす感染性因子と主な病変

感染性因子	主な病変
アカバネウイルス	水頭症，水無脳症，関節弯曲症
チュウザンウイルス	水頭症，水無脳症，小脳形成不全
アイノウイルス	小脳形成不全，斜頚，関節弯曲症
BVDV	小脳形成不全
ブルータングウイルス	水頭症，水無脳症

114　　第 12 章　神経疾患

動の協調運動障害，運動失調，頭頚部振戦，大股歩行（測定過大），姿勢保持不可，転倒，回転等がみられる．哺乳・嚥下がうまくできずに誤嚥性肺炎を継発することもある．

【診　断】

　水頭症や脊椎弯曲等の形態的な異常については，症状と外貌から強く疑える．X線または超音波検査装置で診断できることがある．小脳形成不全では小脳症状から病変部位は予測可能だが，確定診断には病理学的検査が必要である．各病原体について，分離または抗体検出等で感染を証明できる．

【治　療】

　治療法はない．早期に診断し淘汰する．

12. 腰麻痺（脳脊髄糸状虫症）（山羊，羊）

【病　態】

　ベクター：蚊（シナハマダラカ，トウゴウヤブカ，オオクロヤブカ）の刺咬により，非固有宿主（羊，山羊，馬）の体内に侵入した幼虫は，各種臓器に迷入して組織を破壊するが，中枢神経に迷入したものは，その障害部位，範囲および破壊の程度によって，様々な神経症状を発現する．なお，眼房に迷入した場合には混睛虫症という．

【原　因】

　指状糸状虫（*Setalia digitata*）の幼虫が原因である．成虫は牛の腹腔内に寄生する．

【症　状】

　夏～秋にかけて感染し，1ヵ月程度の潜伏期を経て発症する．脊髄症状として，跛行，歩様蹌踉（腰のふらつき），要介助起立，または自力起立不能等の症状が多い．他に斜頚，顔面麻痺，流涎，嚥下困難等もみられる．

【診　断】

　臨床症状と疫学的要因から本症を疑う．

【治　療】

　軽症であれば，レバミゾール，イベルメクチン製剤投与による駆虫により治癒可能である．

【予　防】

　ベクターである蚊の活動時期と終息後 1ヵ月程度，駆虫薬を定期的に用いることで子虫の体内移行を防ぐ．

《演習問題》（「正答と解説」は 153 頁）

問 1. 変敗サイレージが原因となることの多い疾患はどれか．
　a. 低マグネシウム血症
　b. ヒストフィルス・ソムニ感染症
　c. リステリア症
　d. 破傷風
　e. ボルナ病

問 2. 次の牛海綿状脳症の記載のうち正しいものはどれか．
　a. 牛海綿状脳症は主に垂直感染で伝播する．
　b. 三大症状は，不安，知覚鈍麻，運動失調である．

c. 潜伏期は長く，発症しても症状はほとんど進行しない．

d. 疑わしい症例に遭遇した場合には食肉として出荷する．

e. 中枢神経からの異常プリオン検出が確定診断になる．

問3. ホルスタイン子牛，7日齢．元気哺乳欲はあるものの，生時から頭頸部振戦，測定過大，姿勢保持不可，転倒，回転等の症状を呈している．最も考えられる疾患は何か．

a. 大脳皮質壊死症

b. 小脳形成不全

c. 牛海綿状脳症

d. スクレイピー

e. 腰麻痺

第 13 章　牛の運動器疾患

一般目標：牛の運動器疾患の病態，原因，症状，診断法および予防法を理解する．

運動器疾患とは蹄，骨，関節ならびに骨格筋の疾患の総称であるが，産業動物では神経系疾患の多くが類似の症状を示すため，神経系疾患の一部も含めて取り扱う．

13-1　肢蹄の基本的解剖と機能

到達目標：肢蹄の基本的解剖と機能を説明できる．
キーワード：蹄冠，蹄壁，蹄球，跛行スコア，削蹄法，ダッチメソッド

1．蹄の構造と機能

牛の蹄は外側蹄（外蹄）と内側蹄（内蹄）の二つからなり，後肢では外側蹄が内側蹄よりやや大きく，前肢では内側蹄が外側蹄よりやや大きい．各蹄の外側壁を反軸側壁（面），両蹄の間隙に面する内側壁を軸側壁（面），両蹄間の間隙を趾間隙と呼ぶ（図 13-1 および図 13-2）．蹄尖側の蹄の前側を前面，踵のある蹄の後側を後面と呼ぶ．蹄は，体表から順に，以下の三つの組織より構成されている．

1）蹄　鞘

蹄の外側を被う硬い角質の構造物であり，ケラチンを主成分として構成される．蹄鞘は，さらに以下の四つの部分に区分される．

蹄縁角皮：蹄冠（coronet）を含み，蹄壁（hoof wall）と肢皮膚の間に位置する，被毛がない柔軟な角質が占める帯状の領域である．蹄縁角皮の機能は，過度の水分喪失を防ぎ，蹄の柔軟性を維持すること考えられている．

蹄壁：蹄壁は，蹄冠の直下の蹄真皮内に存在する真皮乳頭において形成される．真皮乳頭は表皮の角質形成を司る胚芽層で被われている．蹄鞘の細胞は真皮乳頭から押し出され，管状の配列構造（角細管）を形成して成長する．角細管は細管間質によって互いに接合し，細管間質は真皮乳頭の側面や基底に起源を有する硫黄含有細胞で形成されている．蹄鞘の角細管の数は出生時に決定されており，蹄鞘が大きくなれば，細管間質は拡張するため，成牛の大きな蹄は，初産牛の小さく緻密な蹄に比較して軟らかく脆弱であることが多い．蹄壁における角質形成は 1 ヵ月に約 5 mm の速度で進むため，成牛における蹄冠から蹄尖までの距離（75 mm）に達

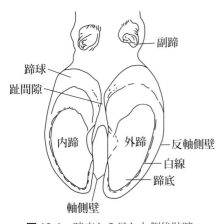

図 13-1　蹄底から見た右側後肢蹄．

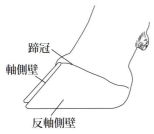

図 13-2　側面から見た右側後肢蹄．

するには約 15 ヵ月の時間を要する.

蹄底：蹄底の角質は蹄底の真皮乳頭から形成され，角細管と細管間質から構成される．蹄底には蹄葉はなく，その角質は蹄骨の直下から直接下方に向かって成長する．蹄壁の角質と蹄底の角質の結合部は白帯と呼ばれる．白帯は蹄底の反軸側の負縁にほぼ平行して蹄踵の蹄球(heel bulbs)部から蹄尖に向かって走行し，さらに軸側に回って軸側壁が負面を形成する前方約 3 分の 1 の部分までの蹄底に存在する．白帯は角質が脆弱なため，しばしば細かい破片が嵌入し感染の入り口になる.

蹄踵：蹄踵または蹄鞘の蹄球部は，蹄縁角皮の連続である柔軟な角質に被われた丸みを呈した領域である.

2）蹄真皮

蹄内の第二の組織は蹄真皮で，これは皮膚の真皮が変化した蹄の支持組織である．蹄真皮には蹄鞘と蹄骨を扶養する神経と血管が含まれ，角質の形成と蹄骨を包む骨膜に必要な栄養を供給する．蹄真皮が傷害されると出血と疼痛が起こる．蹄真皮は，真皮乳頭を被う角質内に杭のような構造を呈して嵌入している．真皮乳頭より下方の蹄壁では，蹄真皮は蹄葉と呼ばれる葉状の形状に変形し，蹄鞘側に嵌合して頑丈な懸垂組織となり，牛の体重を支える．蹄踵では，蹄真皮は脂肪，線維および弾性組織で満たされ，蹄球枕を形成している．蹄球枕は負重する時や歩行の際に非常に重要なショック吸収機能を果たす．柔軟な蹄踵角質によって被われているため蹄球枕が圧縮されて，骨格が激しい震動を受けるのを防ぐ．負重が解除されれば元の形状に戻る．蹄内の血流量維持は角質形成にきわめて重要であり，そのために以下の 3 つの主な機構が備わっている.

ポンプ機能：蹄球枕は蹄鞘内の血液を吸い込み，それを循環血液中に駆出するポンプとして働く．後肢では蹄踵が最初に地面に接触し，これがポンプ作用の始まりになる.

蹄内の微小循環：蹄真皮中の毛細血管は平滑筋の作用によって拡張または収縮する．蹄葉炎では，この血管平滑筋の作用は障害される.

動静脈吻合：蹄真皮内の微小循環経路には動静脈吻合（arterio-venous anastomoses，AVAs）と呼ばれる側副血行路を備え，負重時には血液は毛細血管を通して末梢に至らず迂回することができる．しかし，蹄葉炎によって蹄真皮が傷害されると，AVAs が長時間拡張するため，末梢組織へ血液循環が阻害されて酸素不足となり，その結果として角質形成が障害される.

3）蹄　骨

蹄骨は蹄鞘の内側の前方部分に固く固定されており，蹄尖は菲薄な蹄真皮層を介して蹄鞘と隔たれている．蹄葉は蹄鞘の正面の背壁および外側の反軸側壁に最も数多く存在しており，蹄骨は蹄鞘内でこれらに懸垂・保持されている．蹄骨の蹄底側の後縁には深指屈筋腱が付着するが，乳牛の後肢外側蹄ではこの部位が蹄底潰瘍の好発部位となる．また，深指屈筋腱の動作の補助構造として，遠位種子骨ならびにとう嚢が存在する.

2．跛行の原因と評価法

跛行とは，四肢の病的状態あるいは痛みによる機能障害によって生じる異常運動であり，動物の誘導法や疲労，老齢によって生じるものは除外される．蹄疾患に限定すれば，跛行の原因は次の三つに整理される．①感染：趾間フレグモーネ（趾間壊死桿菌症）や趾皮膚炎があげられる．②非感染性：蹄葉炎，蹄底潰瘍，白帯病等である．③蹄管理上の問題：削蹄（hoof trimming）の遅れや不適切な削蹄技術があげられる．一方，牛床の衛生状態も蹄病や跛行の要因の一つになる．蹄の最も外側の硬い角質部分は

表 13-1 乳牛の跛行スコア（ロコモーション・スコアリング）

スコア	判定	臨床所見
1	正常	背線は駐立および歩行時のどちらも水平であり，歩様に異常を認めない．
2	軽度の跛行	背線は駐立時には水平であるが，歩行時にはアーチ状に丸める．歩様にわずかな異常を認める．
3	中等度の跛行	背線は駐立および歩行時のどちらもアーチ状を呈する．歩様では，1 肢あるいは複数肢において歩幅が短縮する．
4	跛行	背線は駐立時も歩行時も常にアーチ状を呈し，1 歩 1 歩を慎重に踏み出すような歩様を示す．一肢以上の肢をかばう．
5	重度の跛行	背線は常に極端なアーチ状を呈し，1 肢以上の肢に体重をかけることを嫌う．

(Sprecher et al.：Theriogenology 47, 1179-1187, 1997)

ケラチンを主とするタンパク質で構成され，アルカリに弱い特性を有する．家畜の尿中の尿素はほぼ中性で無臭であり，乳牛の蹄を損傷しないが，糞便中に存在する尿素分解酵素（ウレアーゼ）の作用によって強アルカリの性状を示すアンモニアが発生し，蹄を損傷する．

跛行は疼痛の継続により採食量の減少，飲水量の低下，増体速度の低下や乳生産量の減少，受胎率の悪化等，生産性の低下を招くため，跛行牛の早期発見と治療は牧場の生産性向上と「福祉」の維持のために重要である．牧場主ならびに獣医師が初期段階で跛行牛を発見する技術の一つとして，**跛行スコア**（locomotion scoring，ロコモーション・スコアリング）が普及している．跛行スコアとは，目視によって牛の歩行状態を正常～重度の跛行までの 5 段階に評価するものであり，背線の直線具合，歩幅，歩様等を指標とする（表 13-1）．跛行スコアを使用した牛群内の跛行牛の調査では，蹄底潰瘍や蹄球びらん等の蹄病の特定に有用である．

3．削蹄の意義と方法

体重が重い動物では蹄にかかる荷重が大きいために，蹄の成長に伴う形状変化や蹄疾患によって負重にアンバランスが生じると，各蹄に異常な負担がかかり，これが連鎖的に悪化して跛行の原因となる．削蹄は蹄に正常な蹄形と負面を取り戻し，牛の健康を維持するために，定期的に実施される必要がある．

現在広く普及している牛の**削蹄法**の一つである**ダッチメソッド**（Dutch method）の基本工程（4 段階）は以下のとおり．

第 1 段階（カット 1）：過長になった蹄尖を正しい長さ（蹄冠から蹄尖までの長さを約 75 mm）に切除する．

第 2 段階（カット 2）：カット 1 の先端部から蹄踵底までの直線から下側の角質を切除する．カット 1 の切除位置が適切であれば，蹄底の穿孔は起こらない．角質切除の最中に蹄底の軟化や弾力性を感じた場合には，削切を中止する．

第 3 段階（カット 3）：後肢外側蹄あるいは前肢内側蹄の蹄底の過剰な角質を除去し，両側の蹄底に凹状の窪みを作成する．

第 4 段階（カット 4）：駐立時に外側蹄と内側蹄が同じ高さになるように蹄底の角質を削切して調節する．

13-2 蹄疾患

> 到達目標：蹄疾患の病態，原因，症状，診断法，治療法および予防法を説明できる．
> キーワード：蹄葉炎，蹄底出血，蹄底潰瘍，白帯病，趾間フレグモーネ，蹄球びらん，口蹄疫，趾間過形成，蹄浴，趾皮膚炎

1. 蹄葉炎

【病態，原因および症状】

蹄葉炎（laminitis）は蹄真皮の微小循環障害に起因する非感染性の蹄真皮炎である．蹄葉炎は，臨床状態によって，以下の3病型に区分される．

潜在性蹄葉炎：明らかな臨床症状は認められず，角質性状の劣化や蹄底出血，あるいは蹄底潰瘍，二重蹄底または白帯病の発生率の増加等の所見が慢性的に認められる．近年，潜在性蹄葉炎の発生は集約的飼養管理が行われている乳牛群において増加傾向にある．潜在性蹄葉炎の乳牛の多くでは，蹄底潰瘍や白帯病が認められる．

急性または亜急性蹄葉炎：この病型は跛行発症から蹄骨が変位するまでのもので，発症スピードが速く，罹患牛は激しい蹄の疼痛と跛行を呈する．特に蹄尖部の痛みが激しいため，罹患牛は蹄踵部で負重し歩幅は短縮する．蹄葉炎に特有の「つっぱり歩様」，「ロボット様歩様」，「木馬様歩様」等の特異的歩様が認められ，駐立姿勢では蹄尖への負重を嫌い，前踏肢勢や背弯姿勢を呈する（図13-3）．両前肢の疼痛が激しい場合には，患肢を頭側へ出し，後肢を腹下に踏み込むような駐立姿勢をとる．重症例では手根関節で負重する例もある．両後肢の疼痛が激しい場合には，前肢を後踏とし，後肢の各関節を屈して蹄踵で負重するような駐立姿勢をとる．四肢の疼痛が激しい場合には，起立不能となる．蹄の局所症状は，蹄冠部の熱感と脈拍が顕著となり，指動脈圧は上昇する．その他，体温，心拍数および呼吸数の増加，

図13-3 乳牛の蹄葉炎．

不安感，運動不耐性，筋肉の振戦が認められる．なお，軽症例では症状が認められず，そのまま治癒する例もある．近代の牛の飼養環境下では急性または亜急性蹄葉炎の発生は減少傾向にあり，盗食等によって突発的に多量の濃厚飼料を摂取した個体や単一牛群に発生する．

慢性蹄葉炎：長期間持続した状態であり，蹄の変形と蹄骨の変位が起こり，罹患牛は強拘歩様や歩行困難を示す例が多い．蹄の変形として，蹄尖壁がスリッパ状に反り，白帯の幅の増大，蹄冠部の粗造化，蹄壁の脆弱化を呈する．5歳以上の高齢牛に多く，罹患牛は廃用淘汰の対象となる．

i．病因

従来，炭水化物の過剰摂取が牛の蹄葉炎の主因とされてきたが，近年，複数の相互依存的な要因も関与することが示唆されている．

120 第13章 牛の運動器疾患

全身状態：乳牛における急性蹄葉炎では，ケトーシス，脂肪肝，第四胃変位等の疾患や分娩が病因として示唆されている．

乳酸アシドーシス：過剰な易発酵性炭水化物の摂取によって第一胃内の微生物環境が変化し，*Streptococcus bovis* や *Lactobacillus* 属の作用による乳酸産生が増加する．

エンドトキシン血症：第一胃炎や乳房炎，子宮炎等の炎症性疾患において認められる．

ヒスタミン：蹄葉炎の発生初期において，血中ヒスタミン濃度の上昇が報告されている．牛では，第一胃ならびに子宮疾患において血中ヒスタミン濃度が増加すると考えられている．

飼料中の線維量と品質：飼料中の線維不足と品質劣化は第一胃内環境の悪化に繋がり，蹄葉炎の病因になる可能性がある．酸性デタージェント線維（ADF）は第一胃内における緩衝作用に重要な役割を果たす．

急激な増体：急激に体重が増加した未経産牛や肥育牛は，体重増加が緩慢な牛に比較して蹄底出血の出現頻度が高い．急激な増体は，蹄への過剰な負重増加を招き，潜在性蹄葉炎の誘因になる．

物理的要因：蹄への打撲や硬い床面での長時間の歩行は蹄葉炎の誘因になる．

栄養的要因：亜鉛や銅は表皮の角化に必須の栄養素であり，この欠乏は蹄の形成に影響を与える．

ⅱ．発生機序

蹄局所の蹄葉炎の発生には，蹄葉状層の深部に血液供給する毛細血管とその迂回路である AVAs の存在が大きく関わっている．正常状態では，AVAs は短時間で収縮・拡張を繰り返し葉状層への最低量の血液量を供給する．しかし，エンドトキシンやヒスタミンの影響によって AVAs が長時間（12 〜 18 時間）にわたり病的に拡張すると，葉状層の深部への血液供給が遮断され，限局性の虚血性変化，血管透過性の亢進と浮腫，血栓形成，出血，蹄葉の蹄壁からの分離等の病変が形成される．一方，蹄周辺の蹄冠部や蹄踵部は顕著に充血するためこの部分の角質は形成され，蹄の形状は変形する．

蹄葉炎の結果として，蹄角質形成の異常（蹄鞘の過剰成長，白帯の脆弱化），蹄底出血（hoof base hemorrhage），蹄底潰瘍（heel ulcer），白帯病（white line disease），蹄壁の水平の溝（ハードシップライン）の形成または完全な水平の亀裂，二重蹄底，蹄の変形（蹄の過剰成長による蹄尖の上方への回転と蹄壁前面の陥凹），蹄内における蹄骨の変位が生じる．

【診　断】

潜在性蹄葉炎では症状が明らかでなく，削蹄時に蹄壁や蹄底における角質の角化低下，褪色，出血，蹄底潰瘍，白帯病等の病変として確認される．また，飼料の急変，濃厚飼料の多給，分娩状況，周産期疾病等の臨床情報は，潜在性蹄葉炎の存在を推定するうえで重要である．急性蹄葉炎では，稟告ならびに特異的歩様や蹄の激しい疼痛の出現，全身状態から総合的に診断される．慢性蹄葉炎では，蹄の観察によって変形等の異常所見を確認するとともに，X線検査によって蹄骨の変位を診断する．

【治　療】

急性蹄葉炎では蹄内部の限局性の虚血性変化によって激しい疼痛が認められるため，この緩和処置が最優先であり，消炎鎮痛剤（フルニキシンメグルミン等），抗血栓剤（ヘパリン），抗ヒスタミン剤，副腎皮質ホルモンの投与を行う．その他，全身状態の改善を図るため輸液を行う．また，蹄の冷浴（蹄周辺の充血，浮腫，疼痛緩和）あるいは温浴（蹄内部の限局性虚血に対する対応）を行う．慢性蹄葉炎には，削蹄によって過剰に伸長した蹄尖と蹄底を整形する．

【予　防】

移行期の飼料急変は避け，飼料変更は 10 〜 14 日かけて徐々に実施する．また，粗飼料を常時摂取

第13章　牛の運動器疾患　　121

できる環境を準備し，相対的な濃厚飼料の過給状態を回避して，ルーメンアシドーシスを予防する．牛が自由に運動と伏臥できる飼養環境を整備し，蹄に過剰かつ不自然な負重がかからないようにする．乳房炎，子宮炎，胎盤停滞を発生した場合には適切な治療を行い，早期の回復を図る．

2. 白帯病（白線病）

【原　因】

白帯の角質は比較的脆弱で，潜在性蹄葉炎によって分離や崩壊が生じやすい．また，蹄壁の傾斜が緩い蹄や角質の脆弱化も白帯病の素因になるとともに，削蹄不足から蹄壁が過長となり，巻縮した蹄底の辺縁部に糞尿や土砂等の汚物が充填して白帯角質を変敗することも原因になる．乳牛において後肢外蹄の蹄踵部近くの白帯が最もおかされやすい．蹄底潰瘍と併発することも少なくない．

【症　状】

脆弱化した白帯内部に土砂等の汚物が詰まると，白帯がさらに軟化し，あるいは他の汚物を踏み込んで蹄鞘内部に深く押し込む．その結果，蹄真皮に到達した汚物によって膿瘍（白帯膿瘍）が形成され，患肢は疼痛のため支柱跛を呈する．蹄真皮に形成された膿瘍は，蹄底に坑道を形成して拡がり蹄踵部より自潰するか，蹄壁の内側を登り蹄冠部から自潰排膿することもある．病変がさらに深部に波及すると，蹄骨骨炎や化膿性蹄関節炎を生じる場合がある．

【治　療】

膿瘍による蹄真皮への圧迫が除去されれば跛行は速やかに改善されるため，坑道を形成している角質を全て除去し，排膿を促すことが治療の要点である．この時，感染通路に隣接する変性した蹄壁も小さく削切することも肝要である．削切後の患部は，通常，包帯保護する．しかし，包帯をせずに露出したままでも速やかに新しい角質が形成されるため，最近では健常側蹄の蹄底に木製またはプラスチック製ブロックを装着して，患側蹄を地面から浮上させて管理することも推奨されている．

3. 蹄底潰瘍

【原　因】

基礎的原因として，潜在性蹄葉炎の存在や湿潤した牛床環境での飼育によって蹄角質が脆く柔らかくなることがあげられる．このような性状の蹄は，蹄骨後縁部を介した蹄底への体重負荷によって角質形成組織が圧迫を受け損傷されやすい．また，蹄の過長や変形等の蹄踵部に体重が偏重する肢勢，あるいは硬い牛床での長時間の駐立や歩行も，蹄底潰瘍の誘因となる．

【症　状】

乳牛において後肢の外側蹄に発生するのが典型的であるが，前肢の場合は内側蹄に発生するものが多い．病変部は蹄踵に近い蹄底の中央部に形成される．跛行の程度は様々であるが，片側の後肢外蹄が罹患例では患肢を外転させ内蹄に負重させる．両側の後肢の罹患例では起立よりも伏臥する時間が長く，起立しても体重を絶えず一方の後肢から他方に移行させる．軽症では角質の変色や軟化が認められることがあり，圧迫すると疼痛が認められる．蹄底角質深部の出血部を削切すると，蹄真皮と角質の分離ならびに真皮の出血と変性・壊死が認められる．慢性化した病変では，肉芽組織が角質欠損部からカリフラワー状に突出して出血するとともに，様々な程度の感染が成立する．感染が進行して蹄深部に達すると，深指屈腱，遠位種子骨滑液，ついには蹄関節に波及して高度の跛行を呈する．

【治　療】

　浸潤麻酔や神経伝達麻酔により局所麻酔を施した後，病的組織の除去を行う．まず，潰瘍部への負重の軽減のために病変部の角質をすり鉢状に削切する．可能であれば，潰瘍部を含む後方（蹄踵側）の蹄底も削切して，病変部への負重を回避する．次いで，潰瘍部の辺縁に坑道を形成する角質を除去するとともに，不整な肉芽組織の切除と排膿を行う．削切後の患部は，包帯保護する．しかし，包帯せず露出したままでも速やかに新しい角質が形成されるため，健常側蹄の蹄底に木製またはプラスチック製ブロックを装着して，患側蹄を地面から浮上させて管理することもできる．

4．趾間皮膚炎

【原　因】

　趾間皮膚炎（interdigital dermatitis）は，趾間腐乱（infectious pododermatitis），**趾間フレグモーネ**（interdigital phlegmon），趾間壊死桿菌症，フットロット（Foot rot），あるいは「またぐされ」とも呼ばれ，壊死桿菌（*Fusobacterium necrophorum*）の感染による壊死性病変の形成を特徴とする趾間皮膚の疾患である．*Dichelobactoer* 属（*Bacteroides* 属）による二次感染も認識されている．本病の誘発要因として，排泄物や泥による趾間の湿潤，びらん，乾燥あるいは凍土，尖った石，牧草の切り株等による趾間の外傷，あるいは蹄冠周囲に固着した汚物による嫌気状態等があげられる．また，**蹄球びらん**（heel erosion），趾間潰瘍，趾間皮膚炎および蹄の過長が，増悪要因である．発生はフリーストールに限らず，繋ぎ牛舎，放牧，ぬかるんだパドックでもみられるが，天候，季節，放牧期間，牛舎形態，品種，年齢によって異なる．

【症　状】

　最初に趾間の軟部組織や蹄冠での腫脹と発赤がみられ，その両側の内外蹄が離解し，趾間皮膚に亀裂のような創傷から膿汁と壊死組織片が排泄される．感染初期には疼痛により軽い跛行を示す程度である．しかし，進行は早く，次第に激痛となって患肢で負重することが困難になり，さらに重症になると体温の上昇，食欲不振，乳量の減少等の全身症状もみられる．治療が遅れ病変がさらに深部に波及すると，腱鞘や関節包を侵し化膿性腱鞘炎や化膿性関節炎に発展し，予後不良になりやすい．

【診断および治療】

　適切な処置の実施によって，通常 2 〜 3 日で症状が改善する．治療としては，抗菌薬の全身投与とともに，患部に対して壊死組織の除去と洗浄・消毒ならびに抗菌薬適用による局所処置を行う．理想的には予め患部からの分離細菌に対して感受性試験を行い抗菌薬の決定を行うべきであるが，実際には治療と並行して細菌学的検査を行う．

　趾間皮膚炎と類症鑑別すべき牛の蹄疾患には，**口蹄疫**（foot-and-mouth disease），水疱性口内炎[*1]，牛ウイルス性下痢ウイルス感染症[*2]，悪性カタル熱，ブルータング等の監視伝染病があることに注意する．

【予　防】

　発症牛は跛行が消失するまで隔離する．牛群の削蹄を定期的に行い蹄形状の不正を予防するとともに，蹄の持続的な湿潤や創傷を防除し，蹄の衛生環境を整備する．牛が移動する通路への消石灰の散布や蹄

[*1] 家畜伝染病予防法における疾病名は「水胞性口炎」．
[*2] 家畜伝染病予防法における疾病名は「牛ウイルス性下痢・粘膜病」．

浴槽（footbath，2〜5％硫酸銅液）の設置も予防の一つである．

5. 趾間過形成

【原　因】

趾間過形成（interdigital hyperplasia）は，趾間皮膚が過形成によって瘤状の腫瘤を形成する疾患である．内外蹄が過度に開き，趾間皮膚が過度に緊張と伸展を繰り返す蹄形の牛に生じやすい．遺伝的素因を有する品種が存在するとの指摘もある．濃厚飼料を過給された肉牛で趾間に脂肪が過度に蓄積して皮膚の角化が進むことも誘因の一つとされている．また，趾間皮膚炎やその他の慢性蹄疾患から二次的に生じることもある．

【症　状】

跛行の程度は，腫瘤の大きさ，発生部位，趾間皮膚炎の併発の有無等によって異なる．腫瘤が小さく趾間前面の片側にあり，趾間皮膚炎の併発がない場合にはほとんど跛行しないが，腫瘤が大きく趾間皮膚炎を伴うものでは跛行する．二次感染が深部組織に波及すると，跛行は重度となる．

【治　療】

腫瘤を外科的に切除する．

6. 蹄球びらん

【原　因】

蹄球に生じた踏創や挫傷によって角質に痘痕（あばた）状のびらんを生じる疾患であり，糞尿中に長時間起立する舎飼いの乳牛で多く認められる．比較的，冬季の発生が多い．蹄の過長も誘因となる．

【症　状】

特異的な症状にかけるが，蹄球表面のびらんだけでは跛行はせず，蹄球の角質における痘痕状のびらんの形成によって，蹄骨の後縁と蹄鞘の間で蹄底の真皮が挟まれるため疼痛が生じ，跛行を呈する．趾間皮膚炎や蹄底潰瘍の併発や，膿瘍を形成して波動を呈する場合もある．

【治　療】

蹄球に重度の坑道形成がある場合には異常な角質を削切して除去するが，軽度のひび割れや亀裂程度であれば必ずしも削切の必要はない．膿瘍を形成したものには切開排膿し，壊死組織を完全に除去して洗浄後，必要に応じて包帯保護する．また，感染が蹄冠部に波及し重度の跛行を呈する例には抗菌薬の全身投与を行う．

【予　防】

牛床の糞尿を除去し，清潔で乾燥した飼育環境を保持する．蹄浴も有効である．

7. 趾皮膚炎

【原　因】

趾皮膚炎（digital dermatitis）は乳頭状趾皮膚炎（papillomatous digital dermatitis，PDD）とも呼ばれ，主に後肢蹄の趾間隆起部付近に激しい疼痛を伴う伝染性限局性皮膚炎である．原因の完全解明には至っていないが，抗菌薬への反応が良好であることから細菌感染と考えられている．本病の原因菌として *Trepanoma spirochete* 等のスピロヘータとともに，*Dichelobactoer* 属（*Bacteroides* 属）や *Campylobactor* 属の細菌が示唆されている．本病発生の誘因としては，牛床の衛生状態，牛の年齢や免

疫状態が示唆されている．趾皮膚炎の発生農家からの乳牛の導入，汚染された蹄浴槽，削蹄器具によって伝播する．

【症　状】

主に後肢の蹄球部の蹄角質に隣接する皮膚に発生し，趾間隙底側端と内外蹄球との接合部が好発部位である．病変には限局性のびらんを主体とするものと増殖を主体とするものの2型がある．前者では膿性分泌液で被われたイチゴ様の赤色肉芽組織が認められ（図13-4），非常に敏感で疼痛が強く，容易に出血し，中度〜重度の跛行を呈する．後者では硬い乳頭腫状の塊が認められ，一般に疼痛と跛行はびらん型よりも軽度である．病変の大きさは直径1〜4cmの円形で，特有の異臭を放つ．患部周辺の被毛が異常に伸長し，滲出物と汚物からなるマット状の痂皮が病変部を被い隠す場合が多い．

図 13-4　乳牛における左後肢の趾皮膚炎．

育成牛等，外部導入して同一牛舎内に本病が持ち込まれると，急速に蔓延する．

【治　療】

個体に対する治療として，テトラサイクリンやリンコマイシン等の抗菌薬を局所適用する．また，必要に応じて，壊死組織を除去する．この局所治療によって跛行は1日以内に改善され，2〜3日以内に歩様は正常となる．牛群に対する処置としては，蹄浴や趾への薬剤スプレーを行う．

【予　防】

牛床の糞尿を除去し，清潔で乾燥した飼育環境を保持することが重要である．蹄浴を行うとともに，定期的な趾の検査を行い，感染牛の摘発・治療を行う．

13-3　骨・関節疾患

到達目標：骨・関節疾患の病態，原因，症状，診断法，治療法および予防法を説明できる．
キーワード：脱臼，捻挫，関節炎，臍静脈炎，飛節周囲炎，骨折，骨幹骨折，成長板骨折

1. 脱　臼

【病態および原因】

脱臼（luxation）とは関節において骨同士の位置関係が正常から外れた状態であり，病因によって外傷性脱臼，病的脱臼および先天性脱臼に分類される．牛では，外傷性脱臼が多くみられる．外傷性脱臼は介達外力によって生じ，直達外力により生じることは少ない．脱臼は，捻挫（distorsion，骨の位置関係の異常を伴わないが，関節の許容範囲を超えた外力によって生じた関節包と靱帯の損傷状態）の場合と同様に，関節の生理的可動範囲を超えた場合に発生するが，蝶番関節は過剰な伸展により，球関節は過度の旋回運動により脱臼する場合が多い．

脱臼は，その程度によって完全脱臼（関節から骨の関節面が完全に外れた状態）と不完全脱臼（亜脱臼：関節から骨の互いの関節面の一部が接触している状態）に分類される．完全脱臼には，関節を被っている関節包靱帯を突き破り関節包の外へ脱臼する関節包外脱臼，および関節包の損傷がなく関節包の中で完全脱臼を起こす関節包内脱臼がある．

牛では，股関節脱臼と膝蓋骨外方脱臼が多い．股関節脱臼は滑走や転倒等に起因して起こる．牛では寛骨臼が浅く，寛骨臼窩の切れ込みが深く，大腿骨頭の弯曲半径が小さく，副靱帯が欠如する等の解剖学的特徴があり，これらも股関節脱臼の誘因である．膝蓋骨外方脱臼は，難産介助の際の牽引に起因する大腿神経損傷や大腿四頭筋の萎縮によって発生する．

脱臼が見落とされ長期間放置されると，結合組織の増生により関節頭が脱臼位のまま癒着する．また，大きな開放性損傷を伴う場合には，筋肉ならびに腱組織が離断しているために，整復できても固定と機能回復が困難な場合が多い．

【症　状】

脱臼した関節では骨の転位による異常突出や陥没等の変形が認められる．特に，表在性の関節では容易に触知が可能である．通常，脱臼した関節は不動性となるが，関節包や靱帯の断裂を同時に併発すれば，多方向への異常運動を呈するようになる．疼痛は骨折（bone fracture）や捻挫に比べ激しさは劣るが，脱臼部に他動運動を課すことで顕著となる．皮下出血や関節内血腫を生じれば，腫脹はいっそう明らかとなる．一般に，完全脱臼では患肢が短縮し，不完全脱臼では伸長したように見える．患肢は脱臼したまま固定状態となり，これを他動的に正常位置に戻そうとすると弾力性の抵抗感を触知できる．

牛の股関節脱臼では，前背側脱臼が多く，大転子の転位により臀部が隆起する．患肢の挙上と前進が障害され懸垂跛行を示して歩様強拘となり，後方へ伸展して蹄尖を摺り引きずるように歩行する．負重の際，股関節部で骨が擦れる異常音を聴取することがある．

膝蓋骨外方脱臼は生後 1 ヵ月以内の子牛でみられ，顕著な大腿四頭筋の萎縮と継続的な膝関節の屈曲が特徴である．

【診　断】

転位が明瞭で関節の変形や不動性を確認できる場合には診断は容易であるが，これらが不明瞭な場合には骨端の骨折との鑑別が必要である．確定診断には X 線検査が必要であるが，関節面の骨転位の状態によって脱臼と骨折との鑑別は容易である．

【治　療】

整復，固定，機能回復の段階を追って治療を行う．整復は発症後短時間のうちに行うことが，治癒のための必須条件である．整復後の再脱臼を防止するには，4 週間程度の固定を行うことが望ましい．しかし，部位によってはギプス固定や副子固定は困難であることから，ストールレストを行う．関節は一定期間固定することにより硬直するので，段階的に固定や運動制限の解除や軽い歩行をさせ，関節機能の回復に努める．

2. 関節炎

【病態および原因】

関節炎（arthritis）とは滑膜と関節面の炎症であり，関節を構成する関節包や滑液包，それに付属する靱帯等の炎症も含めることがある．病因により感染性と非感染性に分類される．さらに，感染性関節炎は血行性と非血行性（外傷性）に分類できる．牛では，肺炎等の細菌感染，受動免疫の移行不全ならびに乳房炎乳の摂取も原因になる．また，新生子牛ならびに 4 週齢以下の子牛では臍帯の感染性炎症〔臍静脈炎（omphalophlebitis）〕を感染源として，血行性に複数の関節が細菌性関節炎を発症することがある．牛の関節炎の一般的な原因菌は，*Escherichia coli*, *Staphylococcus aureus*, *Streptococcus* spp., *Arcanobacterium pyogenes* である．不衛生な環境での分娩は子牛の臍帯を汚染しやすく，細菌感染が成

立しやすい．

　臍帯構造物の中でも臍静脈は特に管壁が薄いため，細菌が容易に侵入し血行性に細菌が播種されて関節へ到達する．このような子牛の多発性関節炎では，①滑膜組織は血流が多いため細菌が定着しやすい，②関節包は細菌が排除され難い，③全身投与された抗菌薬は関節内では低濃度であるため，難治性になりやすい．

【症　状】

　重度の跛行を呈し，患肢の触診により熱感や圧痛が認められる．全身症状として，発熱，食欲（哺乳欲）不振，下痢，発咳を呈する例もみられる．患部の関節液は増加し，周囲組織の浮腫も顕著となる．慢性化すると関節包の線維化のため，関節の可動域が制限される．臍静脈炎に起因する多発性関節炎の子牛では，感染源と考えられる臍部は熱感を伴い腫脹し，滲出物がみられる．

【診　断】

　稟告ならびに症状から診断を行う．また，関節液を採取し，色調，臭気，粘性等に関する肉眼的検査，細胞学的検査，生化学検査ならびに細菌学的検査を行う．X線検査により，軟部組織の腫脹程度，関節腔拡大，骨の炎症性増生，関節包や関節腔内のガス産生等の診断が可能となる．

【治　療】

　抗菌薬の全身投与を行う．抗菌薬の使用は，原則として，関節液もしくは原発感染創からの細菌培養による分離菌の同定結果と薬剤感受性試験の成績に基づいて行う．長期にわたり抗菌薬を投与する場合には，耐性菌の出現と副作用について十分に留意する必要がある．消炎鎮痛剤による疼痛管理も推奨される．その他，関節腔内の清浄化を目的として関節洗浄も治療法となる．

【予　防】

　子牛の多発性関節炎予防には，清潔な分娩環境の確保や出生直後の臍部の消毒処置等の衛生管理が重要である．

3．飛節周囲炎

【病態および原因】

　飛節周囲炎（peritarsitis）は牛の飛節外側の表皮，真皮および皮下組織の慢性蜂窩織炎（フレグモーネ）であり，タイストールやスタンチョンに係留される舎飼いの乳牛に多くみられる．特に牛床に敷料が無い場合や牛の体格に比較して牛床サイズが小さい場合，寝起き時に飛節外側を繰り返し打撲することで外傷となり，これに感染が成立して発症する．また，蹄の過長や変形も誘因になる．

【症　状】

　患部の飛節外側の皮膚は肥厚，脱毛し，腫脹，疼痛と熱感を呈する．多くは膿瘍を形成し，自潰を繰り返す（図13-5）．

【診　断】

　多くは乳牛の飼養状態と症状から診断が可能であるが，必要に応じて超音波検査ならびにX線検査を併用して確定診断する．関節炎との鑑別が必要である．

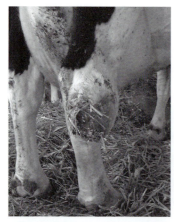

図13-5　乳牛における右後肢の飛節周囲炎．

第 13 章　牛の運動器疾患　　127

【治　療】

　軽傷では，豊富な敷料の使用やゴムマットへの変更による牛床の改善によって症状の改善がみられる．また，抗菌薬の全身投与，患部である飛節への外傷処置と包帯保護も症状の改善に有用である．

4.　牛の肢骨折

【病態および原因】

　牛の骨折では肢の**骨折**が多く，難産や外傷に起因して**骨幹骨折**（diaphyseal fracture）や**成長板骨折**（epiphyseal fracture）が認められる．牛の肢骨折の部位別発生率は，中手ならびに中足骨が 21 ～ 50％と最も多く，次いで大腿骨が 15 ～ 32％，脛骨が 12 ～ 15％，橈尺骨が 7％程度，上腕骨が 5％以下と報告されている．

　骨折の治癒機転は，血腫形成期，膜性骨化と内軟骨性骨化を伴う修復期（仮骨形成期），活発な骨形成と吸収を伴って骨を完成させる改変期の 3 段階で進展する．これら治癒機転の正常な進行には，動物の全身状態（栄養状態や年齢等），適切な整復と固定，骨折部の良好な血流状態，適度な骨折端への垂直方向の外力が必要である．若い動物では骨形成が盛んで，体重が軽く筋収縮力も弱いので，適切な整復と固定を施せば，骨折部の治癒機転が速やかに進展する．一方，全身性疾患や骨栄養障害を有する動物，血行障害を伴う場合，骨折が関節に近いか関節に及ぶ場合，開放骨折や感染を伴う場合には予後が悪くなりやすい．

【症　状】

　骨折部では激しい疼痛が即時に生じ，数時間のうちに腫脹する．患肢は負重困難であり，顕著な跛行が認められる．肢遠位での骨折の疼痛は，骨折線に一致して限局して認められる．しかし，筋肉等の周囲組織が厚い部位における骨折では，周囲組織の挫滅を伴うため疼痛が限局しない．閉鎖骨折では，皮下出血が起こり血腫を形成する．開放骨折では，著しく出血する場合がある．不完全骨折では骨の変形は大きくないが，完全骨折では角軸転位（長軸が屈曲して角度を形成），横軸転位（骨折端が側方に移動して骨折部の横径が広がる，側方転位とも呼ばれる），短縮性縦軸転位（骨折端が長軸方向に短縮），周軸転位（骨折端同士が長軸を中心に捻転）等の変形がみられる．骨折端の触診では骨の異常運動を触知することが可能であり，特有の念髪音を聴取することが多い．骨折整復後数日間にわたって吸収熱と呼ばれる 1℃ 以内の発熱がみられる．それ以上の高熱が 1 週間以上続き，白血球増多があれば，感染の合併を疑う．

【診　断】

　診断の際，患部を丁寧に扱うことが肝要である．検査法は可能な限り簡単なものが望ましく，2 つ以上の検査を行う場合は疼痛の少ないものから実施し，骨折以外の全身状態の異変にも留意する．肢遠位の骨幹の完全骨折では，跛行等の全身症状とともに，視診と触診による骨折部の変形や可動性，圧痛点等の身体検査所見から診断が可能である．しかし，骨折部の変形を伴わない不完全骨折あるいは骨端や成長板の骨折のような関節部に近い部位での骨折では，症状や身体検査所見だけでは診断は困難である．

　X 線検査は，骨折の確定診断と治療方針にきわめて有用である．X 線検査によって，骨折の位置や種類（横骨折，斜骨折，螺旋骨折，粉砕骨折等），屈曲，転位，開放あるいは閉鎖についての判定が可能になる．X 線検査は治療経過の判定と予後判断にも有用であり，治癒機転の進捗状況の確認が可能となる．

　成長板は骨の中で最も脆弱な部分であり，外力によって破壊されやすい．**成長板骨折**は成長板がまだ

128　　第 13 章　牛の運動器疾患

閉鎖していない子牛で発生しやすく，X線検査によって確定診断と予後判断が可能である．成長板骨折
は Salter-Harris 分類により I ～ V の 5 タイプに分類される．I 型は転位を伴うまたは伴わない骨端軟
骨の骨折（成長板の骨幹端からの完全な離開）である．II 型は骨幹の一部に骨折を伴う成長板の離開で
あり，骨幹端の隅に骨折した小片を生じる．III 型は骨端の一部に骨折を伴う成長板の離開であり，IV 型
は骨端と骨幹の両方の一部に骨折を伴う成長板の離開，V 型は成長板の圧迫骨折である．一般に，I 型
ならびに II 型では適切に整復・固定されれば治癒を期待できるが，III，IV，V 型では変形性関節症や肢
軸異常等の障害が後遺する可能性がある．

【治　療】

　骨折後，可能な限り早急に応急的な患部の固定を行う．また，骨折直後は疼痛が激しいため，消炎鎮
痛剤を投与する．

　肢骨折の整復・固定法として，非観血的手法（外固定法）と観血的手法（内固定法，創外固定法）が
ある．子牛では肢遠位骨の骨折が多く，馬等に比べ行動が活発でないため，外固定法が広く応用される．
また，若齢牛に発生が多い肢骨折では，体重が軽く固定が容易で，治癒機転が迅速であり，多少の変形
癒合があっても成長によって矯正される等，治療上有利な点が多い．

　外固定法はギプスや副子のように患肢を体外から固定する方法であり，骨折部の不必要な可動を防止
するために，近位および遠位の関節の両方を含むよう固定することを原則とする．近年，外固定に用い
られる固定用包帯としては，強度の強さ，速い硬化速度ならびに良好なX線透過性からプラスチックキャ
スト（plastic casting tape）が広く活用されている．蹄底から手根または足根関節部の遠位まで巻く場
合をハーフリムキャスト，蹄底から肘・膝関節までを巻く場合をフルリムキャストと呼ぶが，前者は中
手（足）骨遠位部やそれより末梢での骨折に対して，後者は中手（足）骨の骨折全般や前腕および脛骨
の骨折に対して適用される．外固定は 2 ～ 3 週間間隔で交換し，合計 10 ～ 12 週間まで外固定を行う
のが一般的である．外固定では，関節の癒着，骨折端の不完全な整復，不十分な固定による骨折部の動
揺と疼痛，キャスト近位における骨折，キャストの圧迫による皮膚創傷，キャスト内の感染等を合併す
る可能性があるので，装着中ならびに交換時には十分な観察が必要である．

13-4　筋・腱・神経疾患

　到達目標：筋・腱・神経疾患の病態，原因，症状，診断法，治療法および予防法を説明できる．
　キーワード：牛の麻痺性筋色素尿症，筋断裂，前十字靱帯断裂，腱断裂，神経麻痺，痙攣性不
　　　　　　　全麻痺，突球

1．牛の麻痺性筋色素尿症

【病態および原因】

　牛の麻痺性筋色素尿症（bovine paralytic myoglobinuria）は，初放牧の若牛が，春期の放牧開始後 2 ～
8 日以内に歩行困難と筋色素尿（ミオグロビン尿）の排泄を示す疾患である．本病はセレンおよびビタ
ミン E の欠乏に関連すると考えられているが，炭水化物飼料の多給，電解質の不均衡，局所の低酸素，
筋肉の解糖系酵素の異常等も誘因とされている．このような要因のもとで初放牧の若牛が急激な運動で
筋肉内のグリコーゲンの代謝亢進や乳酸アシドーシスを示し，最終的には筋原線維の破壊と血中への筋

色素（ミオグロビン）の放出（筋色素尿）に発展すると考えられている.

【症　状】

元気，食欲が不振で，強拘歩様や開脚，背弯姿勢を示す．体温と心拍数の増加はないが，呼吸速迫を示す例がある．発病当初には，赤色尿（ミオグロビン尿）の排泄がみられる．重症例では，歩行困難または起立困難となり，元気消失，食欲減退，可視粘膜のチアノーゼ，心悸亢進，頻脈，発汗が認められる.

【診　断】

初放牧の若牛が入牧2〜8日後に突然の運動障害（強拘歩様，歩行困難または起立困難）を示し，筋色素尿（ミオグロビン尿）の排泄があれば，本疾患を疑う．血液生化学検査では，血清セレン濃度，血清α-トコフェロール濃度，血清グルタチオンペルオキシゲナーゼ活性値の明らかな減少と，骨格筋由来の血清逸脱酵素（AST，CK，LDH）の上昇が認められる.

【治　療】

発症牛は放牧を中止して舎飼し，セレンとビタミンEの合剤ならびにコルチコステロイドの全身投与を行う．対症療法として，輸液を行う.

【予　防】

放牧予定の若牛には入牧2ヵ月前より，セレン含有ミネラル固形塩の舐食やセレン含有飼料の給与を行う．また，入牧予定の1ヵ月前より舎飼牛の牛舎周辺での放牧馴致を行う.

2. 白筋症

第7章「7-4-5.1）白筋症（栄養性筋ジストロフィー）」の項を参照のこと.

3. 筋肉の損傷

【病態および原因】

筋肉は弾力性のある組織であり張力に対して強い抵抗力を有するが，断裂等の損傷を受けると損傷部位の大部分では筋組織の再生は起こらず，結合組織により補填される．筋肉の損傷は皮下損傷と開放損傷に区分され，前者には挫傷や断裂，後者には切創，刺創，咬創がある．一般に，牛では腓腹筋，胸筋，鋸筋，腰筋，第三腓腹筋に断裂が起こる.

【症　状】

筋肉の皮下断裂では損傷部位に一致して，陥凹，腫脹，皮下出血，硬結，圧痛が認められる．開放損傷では，筋線維を縦断する断裂（縦裂）では創面の哆開は少ないが，筋線維を横断する断裂〔**筋断裂**（muscle rupture）〕では哆開は大きい．顕著な出血が認められる．皮下断裂あるいは開放損傷に関係なく，筋肉の部分的損傷の場合にはその筋肉の一時的な機能不全を認めるが，完全な断裂の場合にはその機能は消失する．断裂して欠損部分が大きい場合には瘢痕治癒し，機能不全や機能障害を後遺する場合がある.

【治　療】

大きい断裂に対しては手術によって縫合する．小さな皮下断裂では，動物を安静とし，急性期には冷湿布と消炎鎮痛剤の適用，時日経過したものには温罨法や理学療法を行う.

4. 前十字靭帯断裂

【原　因】

前十字靭帯断裂（cranial cruciate ligament rupture）は，フリーストール飼育牛に比較的多く，転倒や滑走，あるいは乗臥行動による急激な膝関節の捻転によって発生する．

【症　状】

患肢（後肢）の負重が困難となり，強制的に負重させると姿勢は崩壊する．特に発症初期には疼痛が激しく，負重や歩行は困難である．負重時あるいは歩行時に膝関節を触診すると負重時に脛骨近位と大腿骨遠位の前後の位置関係のずれ，すなわち脛骨の前方突出（cranial drawer sign）を触知可能で，異常可動や異常音も認められる．経過が長い症例では大腿二頭筋や中臀筋は萎縮し，歩行を嫌うことから十分な採食量を確保できないため削痩し，泌乳量は減少する．

【診　断】

飼育状況ならびに臨床症状から診断が可能である．X線検査によって，脛骨の前方突出を確認することで確定診断が可能である．

【予　後】

発症後早い時期の膝関節部の外部固定手術によって治癒する例も報告されている．体重が軽い未経産牛は初産牛では，ストールレスト等の運動制限を行うことによって症状が軽減する例がある．しかし，多くは負重のたびに膝関節の関節面が損傷されて変形性関節症に進行し，予後不良の経過を辿る．

5. 腱断裂

【原　因】

腱断裂（ligament rupture）は四肢の屈腱に発生する．開放性屈腱断裂は，鋭利な刃物等による切創やその他の外傷性に発生し，多くは感染によって化膿性腱周囲炎を併発する．非開放性（皮下）屈腱断裂は，屈腱の過度の伸展や腱線維の栄養状態の異常によって発生する．通常，牛では開放性屈腱断裂が発生する．

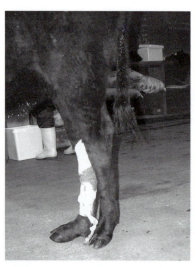

図13-6　黒毛和種子牛における右後肢の浅趾および深趾屈腱断裂．

【症　状】

不全断裂と全断裂に区分される．深趾屈腱の全断裂では重度の跛行を呈し，負重時には蹄尖部が反する．浅趾屈腱の全断裂でも重度な跛行が認められる．また，負重時は球節の沈下が顕著で，蹄尖を浮上させて蹄踵で着地する（図13-6）．

【治　療】

一般に，大動物では全断裂は予後不良であり，不全断裂に対しては患肢の固定が可能であれば治癒の見込みがあるとされる．開放性腱断裂では，感染を制御するために，可能な限り早期の外科的処置が必要である．抗菌薬を全身投与するとともに，局所の清浄化，腱縫合，皮膚閉鎖等の外科的処置を行う．腱縫合後の患肢は，1ヵ月程度の外固定が必要である．

6. 神経麻痺

神経麻痺（nerve paralysis）は以下に分類される.

顔面神経麻痺：顔面神経は下顎後縁より顎の外側を通過して鼻，唇および頬部諸筋に分布する．末梢性の原因のものでは，一側性に，障害部位側の口唇，耳の下垂および表情筋の麻痺がみられる．採食困難と障害部位側の頬内に食塊を堆積し，鼻腔を狭窄して呼吸困難症状を呈するものもある.

三叉神経麻痺：三叉神経の一分枝である下顎神経に起因する咀嚼筋麻痺であり，開口したまま舌を下垂し，嚥下および咀嚼困難，流涎等の症状を呈する．下顎神経は，反芻動物では卵円孔，豚では破裂孔から頭蓋腔を出て咬筋，側頭筋，頬筋に分布している.

肩甲上神経麻痺：肩甲上神経は腕神経叢から発し，肩甲骨の内方から肩甲骨の下端，烏口突起の上縁を廻って棘上筋，棘下筋および上腕外転筋諸筋に分布する．肩甲上神経麻痺は転倒，衝突，滑走または急な回転運動等による神経の激伸や断裂に起因し，負重時の肩部の外転，ならびに棘上筋と棘下筋の委縮が認められる.

橈骨神経麻痺：橈骨神経は第七・第八頚神経，第一・第二胸神経から発する腕神経叢を構成する神経の一つであり，上腕三頭筋と前腕筋膜張筋・肘筋に分布して，前腕，腕関節，指関節の全ての伸筋を支配する．医原性には横臥保定時の圧迫により生じる場合がある．橈骨神経麻痺では肘関節の確保と保持が難しく，負重と挙上の両方が不能となる.

大腿神経麻痺（大腿四頭筋麻痺）：大腿神経は腰神経叢から発して骨盤腔を出て主として大腿四頭筋に分布する．大腿神経麻痺は，転倒や滑走によって大腿神経が激伸および断裂を生じ，あるいは神経経路における膿瘍，出血，腫瘍等の圧迫によって発生する．大腿四頭筋は萎縮し菲薄化して，最終的には知覚も消失する.

坐骨神経麻痺：坐骨神経は最後腰神経，第一・第二仙骨神経から発して，大腿部尾側で坐骨神経と腓骨神経に分岐する．坐骨神経麻痺では主として半腱様筋，半膜様筋および大腿二頭筋の作用を消失し，股関節，膝関節および飛節が弛緩して，球節以下は屈曲する．脛骨神経麻痺では，腓腹筋，浅趾屈筋，深趾屈筋が麻痺し，飛節は伸張不能となって屈曲し，球節を前方に出す．腓骨神経麻痺では，長趾伸筋，外側趾伸筋，脛骨筋の作用の障害によって，膝関節および飛節は伸張，下垂し，球節以下を屈曲したまま地面を引きずる.

閉鎖神経麻痺：閉鎖神経は第四～第六腰神経から閉鎖孔を経て骨盤腔から出て，大腿薄筋，恥骨筋，内転筋，外閉鎖筋に分布し，大腿の内転作用を支配する．閉鎖神経麻痺は，骨盤骨折や過大胎子を娩出した乳牛に時折みられ，後肢の内転運動が不能となるため甚だしい外転姿勢を呈する.

7. 痙攣性不全麻痺

【病態および原因】

牛における痙攣性不全麻痺（spastic paresis）は複数の劣性遺伝子による遺伝性疾患で，筋伸展反射の過剰反応が症状発現の原因と考えられている．本疾患の罹患率は 0.05 ～ 0.1％で，雄の方が雌より発生率が高いと報告されている．いずれの品種でも発生するが，ホルスタイン種やシャロレー種では発生率が高い．わが国では，黒毛和種の発症例も報告されている.

臨床経過が長いものでは，踵骨の腓腹筋停止部に炎症性変化や成長板の離開を伴う場合がある．また，非罹患肢に体重が多くかかるため，球節の沈下が生じやすい.

【症　状】

　2週齢〜6ヵ月齢での発生が多い．腓腹筋の痙攣性過収縮を主体とする片側あるいは両側後肢の過伸展が特徴であり，病状は進行性である．症状として，患肢の硬直性歩様や直飛（飛節の角度が浅い状態），飛節の過伸展，尾の挙上等が認められる．後肢の触診では，腓腹筋は通常よりも硬く触知される．患肢の膝関節，飛節および球節は用手的に容易に屈曲できるが，手を離すと直ちに過度に伸展する．膝蓋反射や疼痛反射は正常である．

【診　断】

　牛の後肢の過伸展を主徴とする疾患として，股関節脱臼や膝蓋骨上方脱臼等があり，痙攣性不全麻痺との類症鑑別が必要である．

【治療および予防】

　部分的脛骨神経切除術は，有効な治療法であり，成功率が80%以上と高く合併症や再発も少ない．しかし，過度の操作による神経損傷や間違った神経分枝の切除による飛節の過屈曲が起こることがある．本疾患は遺伝性疾患であることから，罹患牛を繁殖に供することは適切ではない．

8. 突　球

【原　因】

　掌側の腱や靱帯が伸展異常を起こし，浅趾屈筋腱の拘縮では中節骨が，深趾屈筋腱の拘縮では末節骨が牽引され前肢球節の正常な伸展が妨げられ，起立位や歩行時に球節が攣縮，屈曲して蹄底で着地できない．突球（knuckled over）の先天性要因として，子宮内での体位異常や母胎に対する胎子の過大等が推定されている．

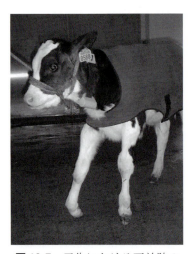

図13-7　子牛における両前肢の突球．

【症　状】

　蹄底での着地ができず，起立困難や歩様異常を呈する（図13-7）．先天性突球の多くは両側性に発症し，出生後数日以内に起立困難，起立時の肢勢や歩様の異常を認める．

【治　療】

　バンデージ，副子もしくはギプスによる外固定が主体となる．患肢の十分な弛緩を得るためにキシラジン鎮静下の横臥位で実施し，屈腱を伸展した状態に保持して蹄尖部を露出させ，蹄から腕節の遠位もしくは腕節の全てを被うまでの範囲を外固定する．これにより子牛は蹄底で負重し歩行することが可能となる．外固定の期間は1週間とするが，状態に応じて継続する．重症例には切腱術を併用する．日齢が進むにつれて治療への反応が悪くなるため，早期に治療を開始する．

《演習問題》（「正答と解説」は154頁）

問1．蹄の部位を示す用語「反軸側面」の記述として正しいものはどれか．
　a．各蹄の外側壁
　b．両蹄の間隙に面する内側壁
　c．両蹄間の間隙

d. 蹄尖側の蹄の前側

e. 踵のある蹄の後側

問 2. 蹄葉炎の病因として<u>誤っている</u>ものはどれか.

a. 乳酸アシドーシス

b. エンドトキシン血症

c. 急激な増体

d. 蹄の感染

e. 分娩

問 3. 成長板骨折の Salter-Harris 分類の中で適切に整復・固定されれば治癒を期待できるものはどれか.

a. Ⅰ型のみ

b. Ⅰ型とⅡ型

c. Ⅰ型, Ⅱ型, Ⅲ型

d. Ⅰ型, Ⅱ型, Ⅲ型, Ⅳ型

e. Ⅰ型, Ⅱ型, Ⅲ型, Ⅳ型, Ⅴ型

問 4. 橈骨神経麻痺に関する記述として<u>誤っている</u>ものはどれか.

a. 橈骨神経は腕, 腕関節, 指関節の伸筋を支配する

b. 肘関節の確保と保持が難しくなる

c. 横臥保定よって生じる場合がある

d. 負重時に肩部が外転する

e. 患肢の負重と挙上の両方が不能となる

第 14 章　新生子疾患

> 一般目標：新生子における生理と行動特性を理解し，主要疾病を説明できる.

14-1　新生子の解剖と生理機能【アドバンスト】

> 到達目標：出生時における新生子の解剖学的特徴と生理機能について説明できる.
> キーワード：蘇生，臍，初乳，受動免疫，生理的貧血

1. 蘇　生

1）蘇生の目的

蘇生は，出生直後に自力での呼吸反応が弱く，呼吸機能や心機能が不十分な新生子に対して行われる.

2）出生時の呼吸動態

出生時の子牛はガス交換障害を伴った肺胞低換気の病態を呈し，動脈血酸素分圧（PaO_2）の著しい低下と動脈血炭酸ガス分圧（$PaCO_2$）の増加，肺胞気－動脈血酸素分圧較差（$A\text{-}aDO_2$）の開大を示す. 健康子牛は出生後 12 時間以内に低酸素血症が正常に改善するが，難産等で出生した衰弱子牛では低酸素血症の改善が著しく遅延する.

子牛は換気不全型呼吸不全の病態で出生するので，出生子牛の呼吸機能を早期に改善するためには，出生直後，酸素吸入ではなく，肺胞内 CO_2 排出を目的とした換気不全対策を行うべきである. 換気不全型呼吸不全に対して高濃度酸素ガス投与を行うと，$PaCO_2$ の増加が助長されて，脳組織の pH の低下による CO_2 ナルコーシス（高二酸化炭素血症性脳症）を誘発し，傾眠や意識障害等の中枢神経障害を呈する危険性がある.

3）Apgar スコア

Apgar スコアは，出生後 1 分と 5 分に心拍，呼吸，歯肉色，筋緊張，刺激反射を 3 段階に評価して合計点を算出し，6 以下の例に対して蘇生を行う.

4）蘇生法

Apgar スコア 6 以下の例に対して蘇生処置を行う. 蘇生は，ABCD（A：気道 Airway，B：呼吸 Breathing，C：循環 Circulation，D：薬 Drug）を評価して行う.

A（気道の確保）は，乾いたタオルで鼻腔内の羊水を除去し，誤嚥が疑われる例に対しては頭部を低くして気道内の羊水を排泄させる. 次に，胸骨座位にし，ドキサプラムの投与を行い，乾いたタオルで胸郭をマッサージして B（呼吸）を促す. C（循環）を評価し，心拍数が 60 回 / 分以下の例に対しては，D（蘇生薬：心臓刺激薬）のエピネフリンを投与して胸部圧迫を繰り返す.

出生直後の低酸素血症の改善には，肺実質の水腫病変の改善を目的としたコルチコステロイドを混合した抗菌薬の筋肉内投与，肺換気能の改善を目的とした人工呼吸器キットや IPV（intrapulmonary percussive ventilator：肺内パーカッションベンチレーター）療法が有益である.

第 14 章　新生子疾患　　135

2. 臍

1）構　造

臍帯は臍動脈，臍静脈，尿膜管からなり，胎子期のガス交換と栄養摂取，老廃物の排泄を担う．

胎子期：子牛における胎子期の臍帯は，2 本の臍動脈と 1 本の臍静脈，1 本の尿膜管から構成されている．2 本の臍動脈は内腸骨動脈から分岐して膀胱の両側を走行し，臍静脈は胎子初期に左右 2 本あったうちの右臍静脈が退行して左臍静脈の 1 本となって肝臓に達し，尿膜管は膀胱尖から起こって臍に達する．

出生後：出生時における臍部の断裂後，臍動脈は臍部断裂後に直ちに収縮して 1 週間前後に膀胱円索になる．臍静脈は臍部断裂後に血栓で閉塞されて臍に残り，3 週間後に肝円索になる．尿膜管は臍部断裂後に内臍輪まで退行して臍に残り 1 週間前後に退化して尿膜管索になる．

一般的に，妊娠末期の臍血管壁では部位的な組織構成の相違，すなわち血管強度の相違が認められており，これが臍帯の断裂機構に重要な役割を果たすと言われている．

3. 初　乳

牛，馬，羊，山羊および豚の胎盤は，結合織（上皮）絨毛型胎盤であり，母体と胎子それぞれの血液の間に結合織と絨毛膜が隔壁として存在している．そのために，免疫グロブリン等のタンパク質は胎盤を通過できず，初乳を摂取して受動免疫を獲得する．

1）初乳の成分

初乳は分娩後 1 週間までの乳であり，常乳に比べて免疫グロブリン，免疫細胞，成長因子，サイトカイン，インターフェロン，ラクトフェリン等の免疫関連物質，栄養物質（タンパク，脂肪，乳糖），ビタミン（特にビタミン A），ミネラル（カルシウム，リン，マグネシウム，鉄）が多く含まれている．

2）初乳の吸収率

初乳中に含まれている免疫抗体は，分娩直後が最も高く，12 時間後には分娩直後の 60％，24 時間後には分娩直後の 4％以下に低下する．また子牛腸管からの初乳免疫抗体の吸収率は，出生 6 時間後には出生直後の 50％，12 時間後には 12％以下に低下し，24 時間後には初乳抗体は腸管からほとんど吸収されない．

3）初乳の給与法

出生直後の子牛の第四胃内には，体重比約 5％（2 〜 3 L）の羊水が含まれており，生後 30 分〜 2 時間で第四胃内の羊水が腸管へ移送し，起立して哺乳欲を示す．生後 2 時間以内に起立して哺乳欲を示す正常な子牛は，初乳免疫の吸収率がスムーズで血液中の免疫抗体（IgG）が生後 24 時間に最大に達する．

移行抗体濃度に影響を与える要因としては，初乳の質，量および給与時間である．従来から行われている初乳の給与法は，「生後 6 時間以内に，1 回 2 L の比重 1.050 以上の良質初乳を 2 回，計 4 L 以上（免疫グロブリン 200 〜 300 g 以上）の給与であり，初乳移行抗体の濃度は，初回の初乳給与時間の早さよりも哺乳欲の発現時間の影響の方が大きい．

136   第 14 章　新生子疾患

4. 子豚の貧血

【原　因】

　新生子豚は，初乳を飲み始めると循環血量が増加して造血が対応できず生理的貧血を呈し，その後，急激な発育のために鉄の要求量が増加するが，母乳中の鉄含量が少ないために鉄欠乏性貧血を呈する.

【予　防】

　出生後における鉄剤の投与や分割授乳が有効である.

14-2　新生子の主要疾病【アドバンスト】

> 到達目標：新生子の主要疾病を理解し，治療法と予防法を説明できる.
> キーワード：臍ヘルニア，臍炎，先天性腸閉塞症・腸狭窄症，アトレジア，水頭症，尿膜管開存，
> 　　　　　　新生子仮死，胎便停滞，豚サーコウイルス感染症，浮腫病

1. 臍ヘルニア

【原　因】

　臍ヘルニア（umblilical hernia）は，臍輪（胎子期に臍帯が貫通していた腹壁）が出生後に閉鎖することなく開存して腸管等の腹腔内臓器等が逸脱した状態である. 原因は先天異常や分娩介助の失宜である.

【症状および診断】

　ヘルニア内容は還納性であり，触診と超音波検査によってヘルニア輪と移入した腸管が確認できる. 臍炎を併発している例は，熱感・疼痛があり非還納性である.

【治　療】

　ヘルニア輪が 2 cm 以下の例では数週間以内に自然治癒する. ヘルニア輪が 2 cm 以上の例に対しては，伸縮性包帯やネットを用いて圧迫し，4 cm 以上の例や臍炎を併発している例に対しては早期に外科的手術（Vest-over-pants 縫合法）を行う.

【予　防】

　過度な分娩介助を避けることである.

2. 先天性腸閉塞症・腸狭窄症（アトレジア）

【原　因】

　先天性腸閉塞症・腸狭窄症（congential atresia, アトレジア）は，先天性に腸の一部が途切れている状態である. アトレジアには，肛門が欠損している鎖肛，直腸と結腸との連動がない直腸閉鎖，肛門と直腸が形成されていない直腸肛門閉鎖があり，雌では直腸が腟に開口している腟肛がある. 本症は胎子期における発生異常に起因する.

【症状および診断】

　排便の障害とそれに伴う腸管内容とガスの貯留に起因する腹囲膨満，食欲減退，疝痛が認められる. 超音波検査や X 線検査が診断に有効である.

第 14 章　新生子疾患　　137

【治　療】

外科的手術によって延命できるが，通常は予後不良である．

3．水頭症

【原　因】

水頭症（hydrocephalus）は，胎子期に脳室やくも膜下腔に脳脊髄液が異常に貯留して脳室が拡張した状態であり，脳室における脳髄液の循環の閉塞や脳脊髄液の吸収障害が原因である．

牛ではアカバネ，アイノ，チューザン，ブルータング，牛ウイルス性下痢ウイルスに妊娠期に感染することによって発症する．後天的には，髄膜炎や頭蓋内腫瘍，脳寄生虫，馬の脈絡叢コレステリン肉芽腫，馬伝染性貧血等によって発症する．

【症状および診断】

短命であり，胎子死で出生することがある．症状は，前頭部のドーム状膨隆と起立難渋，吸乳反射の減退を呈し，ウイルス感染では骨格奇形を伴う例が多い．生前の確定診断は CT や MRI による検査が有用である．

【治　療】

治療法はない．ウイルス感染の予防には，ワクチネーションが有効である．

4．臍　炎

【原　因】

臍炎（omphalitis）は，臍動脈や臍静脈，尿膜管，臍周囲組織に生じる炎症の総称である．臍炎は膿瘍を形成しやすく，臍静脈炎は肝膿瘍，臍動脈炎は膀胱炎や排尿障害の原因となり，多発性関節炎や敗血症を誘発することもある．不衛生な環境が感染のリスクとなる．

【症状および診断】

臍の腫脹と熱感，疼痛が認められ，還納性が低い．重度な感染の例では，膿瘍を形成し，感染が進行すると肝膿瘍や関節炎，髄膜炎を継発することがある．

血液検査では好中球数の増数が認められ，超音波検査によって確定診断できる．

【治　療】

軽症例に対しては抗菌薬を全身投与し，重症例には外科的処置による排膿，洗浄，ドレナージを行う．病巣が腹腔深部に波及している例は予後が悪い．

【予　防】

出生直後の臍部の消毒と環境の衛生管理が有用である．

5．尿膜管開存

【病態および原因】

尿膜管開存（patent urachus）は，胎子期に臍と膀胱とを連絡している尿膜管が出生後も開通している状態である．原因は，臍帯の早期切断，炎症，感染，分娩介助の失宜等である．

【症状および診断】

症状は臍からの尿の滴下であり，超音波検査によって尿膜管が確認される．

138　　第14章　新生子疾患

【治　療】

　一般的に，尿膜管は生後1週間程度で自然閉鎖する．臍が乾燥するまでは臍開口部の消毒を行う．重症例に対しては外科的処置を行う．

6. 新生子仮死

【病態および原因】

　新生子仮死（newborn asphyxia）とは，出生前後の胎子あるいは新生子の酸素−二酸化炭素交換が障害され，低酸素血症や無酸素症に陥った状態である．

　原因は胎盤−臍帯血液循環の障害や出生後の大量出血に伴うショック，心肺機能不全，羊水の誤嚥，心奇形，肺高血圧症，気道閉塞による低酸素血症である．過大子や失位，陣痛微弱による娩出時間の延長，無理な胎子の牽引等の難産をきっかけとし，その他として，早産，遅産，帝王切開，分娩誘起出産，胎盤異常，臍帯異常および多胎も誘因となる．

【症状および診断】

　出生直後からの虚脱，呼吸困難，心拍数の増数，チアノーゼ，痙攣等を呈する．末梢血管抵抗性拡大による組織への血流量不足によって，乏尿，腸蠕動低下に伴う初乳吸収能低下や胎便停滞が生じる．

　血液検査では血液濃縮，血清タンパクと血糖，コレステロールの低下，血液ガス分析で酸素分圧の低下，二酸化炭素分圧の増加，pH低下が認められる．

【治　療】

　蘇生薬のドキサプラムを投与し，人工呼吸器等による強制換気を試みる．重症例に対しては，アシドーシス等の血液変化の改善を目的に輸液療法を行う．

【予　防】

　分娩が開始されたら，胎子の体勢と大きさ，骨盤腔サイズを確認して分娩難易度を予測し，早期に帝王切開の実施の有無を判断することである．また，出産時と出生時に低酸素状態を誘発する要因を除去して，新生子牛の呼吸様式をよく確認することが重要である．

7. 胎便停滞

【病態および原因】

　胎便停滞（meconinum retention）は，胎子期に消化管分泌液，粘液，膵液，胆汁および羊水成分等が混合した粘稠・無臭の便が，出生後に排便されない状態である．原因は，初乳摂取不足や消化管の発達障害による腸蠕動減退，肛門・直腸の形成異常および先天性狭小（馬）である．

【症状および診断】

　腸管の運動異常に起因する例では，鼓脹・腹囲膨満，疝痛を呈する．通過障害に起因する例では，努責と疝痛症状が重篤である．アトレジアとの類症鑑別が必要である．

【治　療】

　治療は，5～10％グリセリン水溶液や石鹸水等による浣腸が有効である．馬の重篤例に対しては，開腹手術を行う．

8. 豚サーコウイルス感染症

【原　因】

豚サーコウイルス感染症（porcine circovirus infection）の原因は，豚サーコウイルス（porcine circovirus）2 型（PCV2）の感染であり，多くは不顕性で経過する．

【症状および診断】

PCV2 の胎盤感染に起因する離乳後多臓器性発育不良症候群は，2 〜 4 ヵ月齢の豚で発症し，元気消失，鼠径リンパ節の腫脹，下痢，黄疸発育不良，削痩を呈する．PCV2 感染の関連が示唆されている豚皮膚炎腎性症候群は，1.5 〜 4 ヵ月齢の豚で発症し，後肢や会陰部皮膚に赤紫斑を示して急死する例がある．

剖検でリンパ節腫大，間質性肺炎，腎臓の点状出血および胃潰瘍が認められ，リンパ組織におけるリンパ球減少と細胞質内封入体，肉芽腫性病変，肝細胞壊死の組織病変が確認される．診断は病変と ELISA，定量 PCR によって総合的に行う．

【予　防】

PCV2 ワクチン接種とオールイン・オールアウト，徹底した衛生管理を行うことである．

9. 豚の浮腫病

【原　因】

浮腫病（edema disease）の原因は，腸管毒血症性大腸菌（ETEEC）が産生する志賀毒素が関与しており，離乳期子豚で発症する．

【症状および診断】

全身の浮腫（特に，眼瞼周囲）と神経症状を呈して急死する．剖検によって浮腫病変が認められ，菌分離と PCR によって診断する．

【治療および予防】

有効な治療法はなく，衛生管理が重要である．

14-3　虚弱子牛症候群【アドバンスト】

> 到達目標：虚弱子牛症候の要因，病態，原因および予防法を説明できる．
> キーワード：虚弱，母牛の栄養，矮小体型，胸腺低形成

【病態および原因】

虚弱子牛症候群（weak calf syndrome，WCS）は，出生後から虚弱を呈する子牛の総称であり，感染症等の合併症を併発する例が多く，死亡率が高い．本症の原因は，母牛の栄養（ビタミン・ミネラル不足），ウイルス感染，ホルモン異常，胎盤機能異常，IARS（isoleucyl-tRNA synthetase）異常症，出生時の寒冷等の劣悪環境等である．

【症　状】

低体重と矮小体型，吸乳力低下，緩慢行動を呈し，易感染であり感染症の継発率が高い．

血液検査では，貧血と鉄濃度の低下，アルブミンと γ - グロブリン濃度の低下に伴う低タンパク血症，低血糖，低脂血症が認められる．剖検では胸腺低形成が確認される．

140   第 14 章　新生子疾患

【治　療】

低栄養の改善を目的としたブドウ糖液やアミノ酸製剤，ビタミン剤の輸液を行う．併発症に対する予防として，ビタミンE・セレニウム製剤と鉄剤を投与する．

【予　防】

ⅰ．初乳管理

消化管における移行免疫の吸収能が低下しているため，市販の初乳製剤を追加給与する．

ⅱ．環境管理

低体温症に陥りやすいので，赤外線保温機を用いて保温に努め，寒暖差のない安定した環境で管理する．本症は肺粘膜防御能が低下して肺炎に罹患しやすいので，舎内の換気に留意する．

ⅲ．哺乳管理

本症の子牛は，消化管機能が低下しており，消化不良に陥りやすいので，人工哺乳の回数を増加し，生菌剤等のプレバイオやプロバイオの添加が有効である．

ⅳ．母牛の妊娠期管理

本症を予防するためには，母牛の妊娠末期における飼養管理（乾物摂取量，タンパク量，微量ミネラル）の改善，ワクチネーションを行うことである．

≪演習問題≫（「正答と解説」は 154 頁）

問 1．新生子疾患で誤りはどれか．
　a．初乳の吸収は，出生後 36 時間まで持続する．
　b．出生直後の子牛は，低酸素血症である．
　c．出生後，臍静脈は肝円索，臍動脈は膀胱円索になる．
　d．臍静脈炎は肝膿瘍，臍動脈炎は膀胱炎や排尿障害の原因となる．
　e．先天性腸閉塞症・腸狭窄症（アトレジア）は，排便障害と腸管ガスの貯留による腹囲膨満を示す．

問 2．虚弱子牛症候群（WCS）の記述として誤りはどれか．
　a．主な原因は，母牛の栄養管理である．
　b．多くは，過大子である．
　c．血清 γ - グロブリン量の低下を示す．
　d．易感染であり感染症のリスクが高い．
　e．胸腺低形成が認められる．

第15章 代謝プロファイルテスト

一般目標：疾病摘発に加えて生産性向上を目的に実施される代謝プロファイルテスト（MPT）について理解し，その解釈を理解できる.

15-1 代謝プロファイルテストの目的と検査項目【アドバンスト】

到達目標：代謝プロファイルテストの目的と検査項目を説明できる.
キーワード：血液検査, 飼料設計, 血糖, NEFA, FFA, T-Chol, BHB, BUN, Ca, AST, ビタミン A, 乳検情報

1. 目 的

代謝プロファイルテスト（metabolic profile test, MPT）は，血液検査による栄養診断を実施して，それに基づいて飼料設計による栄養管理と飼養管理を行うことである.

2. 検査項目

1) エネルギー代謝検査

（1）血 糖

糖新生の原料の半分以上は揮発性脂肪酸（VFA）のうちのプロピオン酸であり，プロピオン酸は穀類過剰の場合に血糖の増加を示す.

（2）非エステル化脂肪酸（遊離脂肪酸）

非エステル化脂肪酸（NEFA）〔遊離脂肪酸（FFA）〕はエネルギー不足の指標であり，エネルギー不足に起因する体脂肪の動員に伴って増加する.

（3）総コレステロール

総コレステロール（T-Chol）は摂取エネルギーと相関しており，脂質の過剰給与で高値を示し，エネルギー不足で低値を示す.

（4）β-ヒドロキシ酪酸

β-ヒドロキシ酪酸（BHB）はエネルギーと肝機能の指標であり，エネルギー不足による NEFA（FFA）の増加や肝臓機能障害の例で増加する.

2) タンパク質代謝検査

血中尿素窒素（BUN）は飼料中の窒素の最終代謝産物であり，タンパク質代謝の指標となり，摂取タンパク量の不足やエネルギー不足の際に低値を示す.

3) 無機質代謝検査

カルシウム（Ca）は血液中でアルブミンと複合体を形成しており，消化管から吸収される Ca と骨からの Ca の動員によって恒常性が維持されている. 血中カルシウム濃度は摂取 Ca 量と吸収量の指標で

あり，Ca 摂取不足では低値を示す．

4）肝機能検査

アスパラギン酸アミノトランスフェラーゼ（**AST**）は肝臓の逸脱酵素であり，肝細胞や筋肉の機能障害の際に活性値が上昇する．

5）ビタミン検査

ビタミン A（VA）は，飼料中のカロチノイドから生合成され，肥育牛における脂肪交雑と関連している．

6）乳検情報

乳検情報は，乳牛における個体と牛群における MPT にとって不可欠な情報であり，個体と牛群ステージの栄養評価の指標となる．

15-2　乳用牛における代謝プロファイルテスト【アドバンスト】

> 到達目標：乳用牛における代謝プロファイルテストの検査内容と解釈が説明できる．
> キーワード：ボディコンデションスコア，BCS，糞便スコア，血液生化学的所見，乳検成績

1. 目　的

乳用牛における MPT の目的は，MPT の成績に基づいて産乳と繁殖の向上および疾病発生を予防することである．

2. 検査内容

1）ボディコンデションスコア

ボディコンデションスコア（**BCS**）は，乳牛の体型の視診と体脂肪の触診によって肥満の程度を 5 段階（スコア 1：重度の削痩，スコア 2：軽度の削痩，スコア 3：理想，スコア 4：肥満，スコア 5：重度の肥満）に分類するものであり，ステージ別の BCS を検査することによって牛群における栄養状態を評価する．乾乳期における適正の BCS は 3.25 〜 3.75 である．

2）糞便スコア

糞便における性状と未消化な飼料片の程度を 5 段階（スコア 1：光沢，未消化片なし，スコア 2：光沢，少量の未消化片，スコア 3：やや光沢なし，未消化片，スコア 4：光沢なし，未消化片の塊，スコア 5：光沢なし，著しい未消化塊）に分類するものであり，飼料の消化性を評価する．

3）血液生化学的所見

（1）血　糖

エネルギー不足の指標となり，ケトーシスや潜在性ケトーシスでは低値を示す．

（2）非エステル化脂肪酸（遊離脂肪酸）

エネルギー不足と肝臓障害の指標であり，エネルギー不足やケトーシス，脂肪肝では増加を示す．

（3）総コレステロール

摂取エネルギーと相関しており，エネルギー不足では低値を示す．

（4）β-ヒドロキシ酪酸

エネルギーと肝機能の指標であり，エネルギー不足やケトーシス，脂肪肝では増加する．

第15章 代謝プロファイルテスト　　143

（5）血中尿素窒素

タンパク質代謝の指標となり，摂取タンパク量の不足やエネルギー不足の際に低値を示す．

（6）カルシウム

血中カルシウム濃度は摂取 Ca 量と吸収量の指標であり，Ca 摂取不足では低値を示す．

（7）AST 活性

AST は肝臓障害の指標となり，脂肪肝では活性値が上昇する．

4）乳検成績

（1）乳　量

エネルギーの充足状況の指標となる．潜在性のルーメンアシドーシスやケトーシスで低下傾向を示す．

（2）乳脂肪率

乳脂肪の由来は，VFA（酢酸，酪酸）が 50 %，飼料中脂肪が 40 %，体脂肪が 10 %であり，ルーメン微生物叢の活性が低下すると乳脂肪率が低下する．泌乳初期のエネルギー不足では体脂肪の動員に起因して乳脂肪率が増加する．

（3）乳タンパク率

ルーメン環境の悪化やエネルギー不足では，乳タンパク率が低下する．

（4）乳中尿素窒素

乳中尿素窒素（MUN）は BUN と相関しており，摂取タンパク量とエネルギー不足の際には低値を示し，摂取タンパク量の過剰とエネルギー不足では高値を示す．

15-3　肉用牛における代謝プロファイルテスト【アドバンスト】

> 到達目標：肉用牛における代謝プロファイルテストの検査内容と解釈が説明できる．
> キーワード：ボディコンデションスコア，BCS，血液生化学的所見

1. 目　的

肉用牛における MPT の目的は，MPT の成績に基づいて肥育と繁殖の向上および疾病発生を予防することである．

2. 検査内容

1）ボディコンデションスコア

肉用牛（黒毛和牛）の**ボディコンデションスコア（BCS）**は栄養度の指標であり，体表 BCS と骨盤腔 BCS によって 5 段階に評価する．肉用牛の BCS は繁殖性との関連性があり，肥満の雌牛は受胎率が低下する．

2）血液生化学的所見

（1）血　糖

エネルギーの指標であり，エネルギー不足では低値を示す．

（2）非エステル化脂肪酸（遊離脂肪酸）

エネルギー不足の指標であり，エネルギー不足では増加を示す．

144 第 15 章 代謝プロファイルテスト

（3）総コレステロール

エネルギー充足の指標であり，エネルギー不足では低値を示す．

（4）β-ヒドロキシ酪酸

ルーメン発酵の指標であり，NSC（非構造性炭水化物）の高い穀類等を多く給与すると高くなる．

（5）血中尿素窒素

タンパク質代謝の指標となり，摂取タンパク量の不足やエネルギー不足の際に低値を示す．

（6）ビタミン A

ビタミン A（VA）は肉用牛の肉質向上にとって重要な検査である．VA を必要以上に給与すると脂肪交雑を抑制し，欠乏すると盲目や筋肉水腫の疾病を発症する．黒毛和種の肥育牛の 18 〜 25 ヵ月齢における VA 濃度は，20 〜 40 IU/dL に維持すべきである．

≪演習問題≫（「正答と解説」は 154 頁）

問 1. 代謝プロファイルテスト（MPT）で誤りはどれか．
　a. BCS は，肥満の程度を評価する指標となる．
　b. 血糖値は，エネルギー不足の指標となる．
　c. 血中ビタミン A 濃度は，肥育牛の脂肪交雑の指標となる．
　d. 血中尿素窒素（BUN）は，脂質代謝の指標となる．
　e. 乳脂肪率は，エネルギー不足の指標となる．

問 2. 代謝プロファイルテスト（MPT）の評価で誤りはどれか．
　a. 非エステル化脂肪酸（NEFA）は，エネルギー不足で低下する．
　b. β-ヒドロキシ酪酸（BHB）は，エネルギー不足で増加する．
　c. 総コレステロール量は，エネルギー不足で低下する．
　d. 乾乳期の適正な BCS は，3.25 〜 3.75 である．
　e. ビタミン A の必要以上の給与は，脂肪交雑を抑制する．

第16章　産業動物獣医療における薬物療法の原則

一般目標：産業動物で使用される抗菌薬とホルモン製剤の適正使用の概要を説明できる.

16-1　動物用医薬品と関わる制度

到達目標：産業動物に対する抗菌薬とホルモン製剤の適正使用と残留, 休薬期間を説明できる.
キーワード：要指示薬制度, 要診療医薬品制度, 使用規制制度, 使用禁止期間, 使用基準, ポジティ
ブリスト制度, 残留基準, 休薬期間

1. 動物用医薬品適正使用に関わる制度

　動物用医薬品を適正に使用することを目的として, 薬事法および獣医師法に基づき**要指示薬制度**, **要診療医薬品制度**, **使用規制制度**が設けられている.

1）要指示薬制度（薬事法第 49 条）

　動物用医薬品の中で, ①使用に当たって獣医師の専門的な知識と技術等を必要とするもの, ②副作用の強いもの, ③病原菌に対して耐性を生じやすいもの, ④使用期間中獣医師の指導等を必要とするものについては, 獣医師が専門的な知識と技術をもって使用しなければ危険であることから, 農林水産大臣が「要指示医薬品」として指定しており, 薬局開設者または医薬品の販売業者は, 獣医師の処方せん, または指示を受けた者以外の者に対して, 要指示医薬品を販売または授与してはならないとされている.

　要指示薬は, 獣医師法第 17 条に定める飼育動物を考慮し, 牛, 馬, 羊, 山羊, 豚, 犬, 猫または鶏を対象とするものに限られている. また, 要指示薬に指定されている動物用医薬品の直接の容器または直接の被包には, 他の医薬品と明確に区別できるよう, 法で定められた医薬品の記載事項のほかに, 「注意−獣医師等の処方せん・指示により使用すること」または「要指示」の文字が記載されている.

　要指示医薬品については, その特性から, 獣医師自らの診察と当該診察に基づく処方の範囲において, 獣医師自らが動物に適用するのが基本であるが, 産業動物診療および動物用医薬品の生産・流通の実情から, 獣医師の診察に基づき当該診察対象の家畜を所有, 管理する家畜の所有者または管理者に対する指示書の発行をもって対象医薬品を指示書の交付を受けた家畜の所有者または管理者が購入し, 獣医師の指示の範囲内で当該医薬品の適用が可能となっている. 獣医師は最も重い責任を有するが, 加えて指示書交付を受けた家畜所有者または管理者, 要指示医薬品の販売に当たる医薬品販売業者が, それぞれ責任を自覚したうえで行動することが求められる.

2）要診察医薬品制度（獣医師法第 18 条）

　獣医師が診察を行うことなく, 漫然と投与または処方した場合に, 家畜の死亡, 病原体の蔓延等の危害が生じる恐れがある医薬品については, その投与, 処方に当たっては獣医師自らが診察することが義務づけられている. 獣医師の診察が義務づけられているのは, 毒劇薬, ワクチン等の生物学的製剤, 要指示医薬品, 使用規制対象医薬品である.

146   第16章 産業動物獣医療における薬物療法の原則

3）使用規制制度（薬事法第83条の4）

　動物用医薬品の中で適正に使用されなければ畜産物中に残留し，ヒトの健康を損なう恐れのあるものについては，農林水産省令でその使用のできる対象動物，用法および用量，使用禁止期間等の基準が定めている．また，使用者はその基準に従って使用しなければならない．ただし，獣医師がやむをえないと判断した場合には，使用対象動物以外の動物に対して定められた用法および用量によらずに使用することができる．その際は，獣医師は必ず使用基準で定められている期間より長い出荷制限期間を指示しなければならない．また，使用者は使用規制医薬品を使用した時は，その使用に関する字句を帳簿に記載するよう努めなければならない．

2. 食品への薬剤の残留防止に関する制度

1）残留基準

　食品衛生法では肉，卵，乳および魚介類は抗生物質および化学的合成品たる抗菌性物質を含有してはならないとされている．しかし，最近，科学的な安全性評価が国内外で確立され，これらの薬剤が含まれている食品を摂取しても，ヒトの健康に影響がないレベルが把握できるようになった．このため個々の動物用医薬品等のヒトへの健康影響について科学的評価が国内外で確立したものから，食品中への残留基準値が設定されている．動物用医薬品では，抗生物質（オキシテトラサイクリン/テトラサイクリン/クロルテトラサイクリン，ゲンタマイシン，ストレプトマイシン/ジヒドロストレプトマイシン，スピラマイシン，スペクチノマイシン，セフチオフル，チルミコシン，ネオマイシン，ベンジルペニシリン），合成抗菌薬（カルバドックス，サラフロキサシン，スルファジミジン，ダイフロキサシン，ナイカルバジン），内寄生虫用剤（アルベンダゾール，イソメタミジウム，イベルメクチン，エプリノメクチン，クロサンテール，ジクラズリル，シロマジン，チアベンダゾール，トリクラベンダゾール，フルベンダゾール，モキシデクチン，レバミゾール）およびホルモン剤に設定されている．

2）ポジティブリスト制度

　ポジティブリスト制度とは，食品中の残留基準が設定されていない動物用医薬品等が残留する食品の流通等を原則禁止する制度であり，全ての動物用医薬品に対して導入されている．食品中の動物用医薬品の残留基準は，対象動物に対して治療等の目的で適正に使用した場合の残留量とその食品の摂取量から設定される．したがって，残留基準の遵守は，食肉処理を含む食品の製造過程での残留計算では十分に行うことができず，生産段階での動物用医薬品の使用および休薬期間の遵守が重要となる．

3）使用基準

　畜産食品中への薬剤残留を防止するため抗菌薬，駆虫剤，ホルモン製剤等には使用基準が定められている．つまり，医薬品の成分と投与方法，その用法および用量の上限ならびに使用した後に食用に供するためにと殺あるいは搾乳するまで投薬してはならない期間（使用禁止期間）が定められている．また，使用基準の定められた医薬品については，使用対象動物，用法および用量，使用禁止期間，帳簿の記載について，使用者に対し十分な指導を行わなければならない．

　使用基準が定められた薬剤で，用法および用量の上限ならびに使用禁止期間を守らない場合，罰金刑が科される．

4）使用禁止期間

　使用禁止期間は，食用に供するためにと殺，搾乳，採卵，はちみつ等の採取をする前に医薬品を投与してはならない期間のことを指す．農林水産省「動物用医薬品の使用の規制に関する省令」では，医薬

第 16 章　産業動物獣医療における薬物療法の原則　　147

品ごとに使用対象動物の種類，それぞれの対象動物に使用する際の用法および用量とともに，「食用に供するためにと殺する前○○日間」，あるいは「食用に供するために搾乳する前○日間」といった使用禁止期間が定められている．すなわち，使用基準を設けている医薬品においては「使用禁止期間」という表現で，家畜等への医薬品の使用を制限している．

5）休薬期間

休薬期間も食用に供するためにと殺，搾乳，採卵，はちみつ等の採取をする前に医薬品を投与してはならない期間のことである．ただし，使用基準のない医薬品については「使用禁止期間」ではなく，「休薬期間」という表現をしている．

獣医師が，動物用医薬品を承認の範囲や定められた使用基準を超えて使用すること，または動物用医薬品として承認されていないヒト用医薬品を使用すること（適用外使用）は，承認されている動物用医薬品では治療の効果が期待できない等，診療上やむを得ない必要性がある場合には許される．しかし，適用外使用の場合は，製剤の選択，用法・用量の決定により慎重を期するほか，家畜伝染病予防法等の関係法令に十分留意するとともに，当該対象医薬品の名称，成分名，用法，用量および当該医薬品の由来等必要事項を診療簿に記載しなければならない．また，休薬期間を動物の所有者等に指示するとともに，指示した事項が遵守されるよう指導監督しなければならない．なお，これらの行為によって副作用等の事故が発生した場合の責任は，獣医師にある．

6）出荷制限期間

獣医師が診療に関わる対象動物の疾病の治療のためにやむを得ず使用基準を超えて使用規制対象医薬品を使用する場合には，使用者に対して十分な安全の確保に必要な出荷制限期間を出荷制限期間指示書により指示しなければならない．

《演習問題》（「正答と解説」は 154 頁）

問 1. 要指示薬に関する次の記述のうち，正しいものはどれか．

　a. ワクチンは要指示薬ではない．

　b. 要指示薬の購入には獣医師の処方せんが必要である．

　c. 要指示薬は，農家が必要に応じて直接業者から購入できる．

　d. 獣医師は農家から電話で依頼された場合には診療することなく処方せんを発行できる．

　e. 要指示薬を規定しているのは食品衛生法である．

問 2. 食品への薬剤残留に関する次の記述のうち，正しいものはどれか．

　a. 残留基準が設けられている動物用医薬品は抗菌薬と駆虫剤である．

　b. ポジティブリスト制度とは，食品中の残留基準が設定されている動物用医薬品等が残留する食品の流通等を原則禁止する制度である．

　c. 動物用医薬品の使用基準には，標準的な用法および用量が記載されている．

　d. 残留基準が設定されている薬剤はヒトへの健康影響について科学的評価が国内外で確立したものである．

　e. 使用禁止期間とは，胎子への影響を考慮して分娩 7 日前の動物に使用してはいけない期間である．

参考文献

§和書の部（五十音順）

1）明石博臣ら 編（2013）：牛病学，第3版，近代出版.

2）明石博臣ら 編（2011）：動物の感染症，第3版，近代出版.

3）石川弘道（2005）：現場の豚病対策，ベネット.

4）板垣　博，大石勇 監修（2007）：最新家畜寄生虫病学，朝倉書店.

5）伊東正吾 監修（2006）：養豚場実用ハンドブック，チクサン出版社.

6）今井壮一 編（2007）：改訂 獣医寄生虫学・寄生虫病学（1），講談社サイエンティフィク.

7）家畜感染症学会編（2014）：子牛の医学、緑書房

8）動物用抗菌剤研究会 編（2004）：動物用抗菌剤マニュアル，インターズー.

9）永幡　肇 編著（2005）：酪農場の防疫，バイオセキュリティ 酪農総合研究所.

10）日本家畜感染症研究会 編（2009）：子牛の科学，チクサン出版社.

11）日本獣医内科学アカデミー 編（2014）：獣医内科学 第2版，文永堂出版.

12）日本獣医病理学会 編（2007）：動物病理カラーアトラス，文永堂出版.

13）浜名克己 監修（2006）：カラーアトラス牛の先天異常，学窓社.

14）前出吉光，小岩政照 監修（2002）：主要症状を基礎にした牛の臨床，デーリィマン社.

§洋書の部（ABC順）

1）Constable.P. et al. eds（2016）：Veterinary Medicine A textbook of the diseases of cattle, horses, sheep, pigs and goats, 11th ed., Elsevier.

2）Divers,T.J. & Peek,S.F. eds（2008）：Rebhun's Diseases of Dairy Cattle, 2nd ed., Elsevier.

3）Plumb,D.C.（2015）：Veterinary Drug Handbook, 8th ed., Wiley-Blackwell.

4）Pugh,D.G. et al. eds（2012）：Sheep & Goat Medicine, 2nd ed., Elsevier.

5）Reed,S.M. et al. eds（2010）：Equine Internal Medicine, 3rd ed., Elsevier.

6）Smith,B.P. ed.（2009）：Large Animal Internal Medicine, 5th ed., Elsevier.

7）Zimmerman,J.J. et al. eds（2012）：Diseases of Swine, 10th ed., Wiley-Blackwell.

ウェブサイト（検索して下さい）

1）日本獣医学会→「疾患名用語集」→「疾患名用語集目次」

2）農研機構→「疾病情報」

3）農林水産省→「組織・政策」→「消費・安全局 / 部局別トップへ」→「家畜防疫」

正答と解説

第1章

問1：b

　　右心系－三尖弁，肺動脈弁で多発する．

問2：c

　　a．重篤な肺炎からの継発もあるが，牛では誤嚥された先鋭異物が第二胃を穿孔し，心膜に達することが原因であることが多い．

　　b．炎症像は必発である．

　　d．断層心エコー検査で疣贅物がみられるのは心内膜炎である．

　　e．ルーメンアシドーシスにならない飼養管理が予防法となるのは肝膿瘍および後大静脈血栓症である．

問3：c

　　a．後大静脈内の血栓が剥離して右心経由で肺動脈に至り塞栓を生じることが原因である．

　　b．肺動脈にも血栓が生じるため呼吸器症状も強く現れる．

　　d．心電図検査は必須ではない．

　　e．本症では血栓溶解剤が用いられることはなく，治癒困難である．

第2章

問1：b

　　a：鼻炎だけでは鼻汁排泄が主症状である．

　　c：細菌培養と感受性試験の結果は治療無効時の参考，あるいは治療の正当性として重要であるので，実施するのが望ましいが，実際には検査結果を待たずに治療が開始される．

　　d：マイコプラズマは特に子牛の呼吸器感染症の原因菌として重要である．

　　e：喘鳴音は気道狭窄を示唆する．胸膜炎では胸膜摩擦音が特徴である．

問2：d

　　a：飼育環境の悪化は重要な発症要因である．

　　b：発熱，食欲低下はよくみられる全身症状である．

　　c：ウイルス性であっても二次感染防止を図るために抗菌薬が投与される．

　　e：豚繁殖・呼吸障害症候群に対してはワクチンがない．

第3章

問1：a

　　ルーメンアシドーシスの原因は，濃厚飼料の多給である．

問2：b

　　第四胃右方変位は，第四胃捻転に進行している例が多い．

問3：e

　　脂肪壊死症の好発部位は，円盤結腸の脂肪組織である．

正答と解説　　151

第4章

問1：②

  a. 多くは非臨床型である．主として肥育豚で発症する．

  d. 早発性下痢（新生子下痢）は1〜2週齢に集中するが，致死率は5〜20％の範囲である．

  e. 粘血便を特徴とするが，致死率は必ずしも高くない．

問2：b

  a. 低タンパク血症，特に低アルブミン血症に起因する．

  b. 豚と同様に分娩の2週前〜12週後までの間に糞便中の線虫卵排泄が増加する（PPR）．これは，牛や馬ではみられず，山羊では限定的である．

  c. これらの線虫種は複数種が混合寄生するため，臨床上は線虫ごとの疾病として発生することは少なく，むしろ消化管内線虫症として理解される場合が多い．

  d. 一般に雌や幼齢の個体では成雄や去勢個体に比較して消化管寄生線虫への感受性が高い．

  e. 予防には寄生虫への曝露機会と寄生数を減少させることが必要である．

第5章

問1：c

  子牛の肝膿瘍の要因は，臍静脈炎である．

問2：b

  脂肪肝では，肝細胞内の中性脂肪が増加する．

第6章

問1：a

  貧尿（乏尿）になるが，膿尿は呈しない．

問2：e

  直接は関係ない．

第7章

問1：b

  乳熱は分娩牛における無熱性の起立不能症で，分娩に伴う急激な乳中へのカルシウムの流出に対する体内のカルシウム貯蔵量が不足することで低カルシウム血症が起こる．高齢，高泌乳，上皮小体ホルモンや1,25-dihydroxyvitamin D_3 の産生や反応性の低下，低マグネシウム血症，血液 pH の増加，副腎皮質ホルモンやエストロジェンの過剰分泌は，分娩乳牛のカルシウム恒常性を抑制する要因となる．

問2：c

  くる病・骨軟化症では，骨の組成異常として骨の石灰化障害のため骨塩の沈着しない類骨の過剰な増加が特徴である．飼料中のビタミン D_3 不足が原因の一つであり，紫外線不足は本症の病因である．血液生化学検査では低リン血症が認められる．病変は特に長骨で顕著であり，骨端軟骨の幅の増大や骨端線の不規則化等の所見がみられる．

問3：⑤

ケトン体とは，アセトン，アセト酢酸，β-ヒドロキシ酪酸の3種類の総称である．

問4：d

選択肢はいずれもケトーシスの治療に用いる治療薬である．Ⅱ型ケトーシスでは血中グルコースとインスリン濃度が高いが，これはインスリン感受性の低下に起因すると考えられるため，グルコールやインスリンの有効性は決して高くない．一方，キシリトールはインスリン非依存性に細胞質内に取り込まれるため，Ⅱ型ケトーシスの治療に有効である．

問5：e

出血のような血液成分の喪失は非選択性漏出型低タンパク血症である．尿細管性タンパク尿は選択性漏出性タンパク血症を招く．嘔吐では脱水による血液濃縮によって相対的なタンパク濃度の増加が起こる．肝膿瘍では慢性炎症のためにγ-グロブリンの増加が起こる．アミロイド症はネフローゼ症候群の一種であり，選択制漏出性低タンパク血症を示す．

問6：e

夜盲症はビタミンA欠乏症，大脳皮質壊死症はビタミンB_1欠乏症，マルベリー心臓病はビタミンE欠乏症，くる病はビタミンD欠乏症によって起こる．牛ハイエナ病の原因は，ビタミンA過剰症である．

問7：c

雛の脚弱症はマンガン欠乏症，くわず病はコバルト欠乏症，錯角化症は亜鉛欠乏症，小球性低色素性貧血は鉄欠乏症でみられる．

第8章

問1：e

ラクトフェリンは1本のポリペプチド鎖に乳糖が結合した分子量約8万の糖タンパク質であり，鉄をキレート結合することで，鉄要求性の細菌の発育抑制作用を有する．

問2：②

伝染性乳房炎の原因菌は，*Staphylococcus aureus* ならびに *Streptococcus agalactiae* であり，それ以外の3つの原因菌は環境性乳房炎のものである．

問3：d

黄色ブドウ球菌は伝染性乳房炎の原因菌であるので，ミルカーを介して感染する可能性がある．したがって，搾乳順序として，初めに健常な乳房を有する（乳房炎ではない）乳牛を搾乳し，最後に乳房炎罹患牛を搾乳することが肝要である．

問4：e

現在までに，*P. zopfii* による乳房炎に対する有効な治療法はないため，早期に淘汰することが推奨されている．しかし，潜在性感染の場合には，カナマイシンの高濃度の乳房内注入で効果がある場合もある．

問5：c

現在は推奨される治療法ではない．

問6．d

a．乳頭括約筋損傷では乳頭口の閉鎖障害が生じる．

b．ヘルペスウイルス2型が感染の原因である．

正答と解説　　153

c. 乳頭の除去は幼弱期に行えば成長後の乳房の外観には影響はなく，理想的には 4 〜 6 ヵ月齢で実施する．成牛での切除では創を適切に閉鎖する必要が生じる．

e. 乳頭管狭窄では乳頭外科用器具によって狭窄物を除去する．

第 9 章

問 1：a

皮膚病変を伴うことはない．

問 2：a

　b. 急性型で紫斑病変を形成することがある．

　c 〜 e. 全く異なる病変である．

第 10 章

問 1：d

溶血性貧血の症状を呈することはない．

問 2：c

　a. 法定伝染病である．

　b. 法定伝染病である．

　c. 法定伝染病のアナプラズマ症とは，*Anaplasma marginale* によるものである．

　d. 法定伝染病である

　e. 届出伝染病である．

第 11 章

問 1：b

末梢血管は収縮する．

問 2：a

子牛に発生しやすい．

第 12 章

問 1：c

　a. 飼料中のマグネシウム不足が原因である．

　b. 血行性に播種する．

　d. 創傷，手術創，去勢，除角，断尾，分娩後子宮等が侵入経路である．

　e. 臭球神経上皮からの感染あるいは垂直感染が疑われている．

問 2：e

　a. BSE の異常プリオンタンパク質は主に経口感染で伝播する．

　b. 三大症状は不安，知覚過敏，運動失調である．

　c. 発症すると症状は進行性である．

　d. 家畜保健衛生所に通報する．

問 3：b

154　　　正答と解説

  a. 大脳皮質壊死では運動失調だけなく，筋肉震顫，盲目，流涎，歯ぎしり，沈うつ等の大脳症状がみられる.

  c. BSE は成牛の疾患であり，不安，知覚過敏，運動失調が主症状である.

  d. スクレイピーは羊と山羊の疾患である.

  e. 腰麻痺は羊と山羊の疾患である.

第 13 章

問 1：a

　各蹄の外側壁を反軸側面と呼ぶ. その他，両蹄の間隙に面する内側壁を軸側面，両蹄間の間隙を趾間隙，蹄尖側の蹄の前側を前面，踵のある蹄の後側を後面と呼ぶ.

問 2：d

　蹄葉炎は非感染性の炎症である. 分娩性疾患あるいは栄養代謝性疾患によって産生されたエンドトキシンやヒスタミン等の影響を受けて AVAs が長時間拡張し，葉状層の深部への血液供給が遮断され，限局性の虚血性変化，血管透過性の亢進と浮腫，血栓形成，出血，蹄葉の蹄壁からの分離等の病変が形成されることで起こる.

問 3：b

　Ⅰ型ならびにⅡ型では適切に整復・固定されれば治癒を期待できるが，Ⅲ，Ⅳ，Ⅴ型では変形性関節症や肢軸異常などの障害が後遺する可能性がある.

問 4：d

　橈骨神経は腕，腕関節，指関節の伸筋を支配する神経であり，この神経が障害されると肘関節の確保と保持が難しくなり，患肢の負重と挙上の両方が不能となる. 大動物では，医原性に長時間の横臥保定の後に生じる場合がある. 橈骨神経麻痺では負重時に肩部が外転することはなく，これは肩甲上神経麻痺の特徴症状である.

第 14 章

問 1：a

初乳の吸収は，出生後 24 時間まで持続する.

問 2：b

WCS の多くは，矮小体型である.

第 15 章

問 1：d

血中尿素窒素（BUN）は，タンパク代謝の指標となる.

問 2：a

非エステル化脂肪酸（NEFA）は，エネルギー不足で増加する.

第 16 章

問 1：b

  a. ワクチンは生物学的製剤であり要指示薬である.

c. 農家が要指示薬を購入する際には獣医師の診察に基づき発行された指示書が必要である.

d. 処方に当たっては獣医師自らが診察することが義務づけられている.

e. 要指示薬を規定しているのは薬事法である.

問2：d

a. 残留基準が設けられている動物用医薬品は抗菌薬，駆虫剤およびホルモン製剤である.

b. ポジティブリスト制度とは，食品中の残留基準が設定されていない動物用医薬品等が残留する食品の流通等を原則禁止する制度である.

c. 動物用医薬品の使用基準には，用法および用量の上限が定められている.

e. 「使用禁止期間」は，食用に供するためにと殺，搾乳，採卵，はちみつ等の採取をする前に医薬品を投与してはならない期間のことを指す.

索　引

外国語索引（アルファベット順）

A

abomasal displacement　24
abomasal impaction　26
abomasal torsion　25
abomasal ulcer　25
aconite poisoning　101
actinobacillosis　21
actinomycosis　20
alkaloid poisoning　101
amaroid poisoning　102
amyloid nephrosis　48
amyloidosis　61
anaplasmosis　97
anemia　95
arthritis　125
ASD　7
AST　142
atrial septal defect　7

B

bacillary hemoglobinuria　98
BCS　43, 142, 143
BHB　141
bovine babesiosis　97
bovine hyena disease　63
bovine leukosis　99
bovine papillomatosis　90
bovine paralytic myoglobinuria　128
bovine theileriosis　96
bovine viral diarrhea virus infection　28
Brachyspira hyodysenteriae　37
bracken poisoning　49, 101
bronchitis　11
BUN　141
BVD-MD　28

C

Ca　141
caecum dilation　29
California mastitis test　75
caudal vena caval thrombosis　5
cerebrocortical necrosis　67
cholelithiasis　45

Clostridium tetani　111
CMT　75
CNS　81
cobalt deficiency　70
congential atresia　136
contagious pustular dermatitis　93
copper deficiency　68
cranial cruciate ligament rupture　130
CVCT　5
cystitis　49

D

daphniphyllum poisoning　101
dermatophilosis　90
dermatophytosis　89
diaphyseal fracture　127
digital dermatitis　92, 123
distorsion　124
downer cow syndrome　53

E

edema disease　139
endophyte poisoning　104
enterotoxemia　29
epiphyseal fracture　127
Erysipelothrix rhusiopathiae　92
Escherichia coli　36, 79
esophageal obstruction　21
ETEC　31, 36
ETEEC　36
exudative epidermitis　93

F

fasciolosis　44
fat cow syndrome　42
fat necrosis　29
fescue foot　104
FFA　43, 141
fluorescent material poisoning　102
foot-and-mouth disease　20
Fusobacterium necrophorum　43

G

gastric ulcers　34
goiter　69
grass tetany　55

H

HBS　28
hemoplasmosis　97
hemorrhagic bowel syndrome　28
hepatic fibrosis　44
hepatic lipidosis　42
hepatitis　42
hydrocephalus　137
hydrocyanic acid poisoning　103
hydronephrosis　48
hypermitaminosis D　64
hyperproteinemia　60
hypervitaminosis A　63
hypodermiasis　90
hypoproteinemia　60

I

infectious pododermatitis　122
interdigital dermatitis　122
interdigital hyperplasia　123
interdigital phlegmon　122
iron deficiency　68
iron deficiency anemia　99

J

Johne's disease　27

K

ketosis　57
Klebsiella pneumoniae　79
knuckled over　132
kuwazu disease　70

L

laminitis　119
laryngitis　10
lead poisoning　106
leptospirosis　49

ligament rupture 130
Listeria monocytogenes 111
LS 76
luxation 124

M

manganese deficiency 70
mange 89, 93
meconinum retention 138
mercury poisoning 106
metabolic profile test 141
Microsporum canis 89
milk fever 52
molybdenum poisoning 106
MPT 141
mulberry heart disease 66
muscle rupture 129
mycotoxicosis 104

N

NEFA 43, 141
neonatal jaundice 98
neoplastic hematuria 49
neoplastic hemouria 101
nerve paralysis 131
newborn asphyxia 138
nitrate poisoning 103
NSAIDs 77
nutritional muscular dystrophy 65
nyctalopia 62

O

omasal impaction 24
omphalitis 137
omphalophlebitis 125
onion poisoning 102
organic chloride poisoning 105
organophosphate poisoning 105
osteomalacia 54

oxalate poisoning 103

P

pancreatitis 46
papillomatous digital dermatitis 123
parakeratosis 69
paraquat poisoning 105
patent ductus arteriosus 7
patent urachus 137
PDA 7
PDD 123
PED 35
pediculosis 89
peritarsitis 126
photosensitivity 91, 101
pleuritis 14
pneumonia 12
porcine circovirus infection 139
porcine epidemic diarrhea 35
postparturient hemoglobinuria 98
Prototheca zopfii 82
purulent nephritis 47
pyelonephritis 47

R

renal failure 48
rhinitis 10
rickets 54
rodenticide poisoning 105
rumen impaction 22
ruminal acidosis 22
ruminal parakeratosis 23
ruminal tympany 21

S

salmonellosis 27
SCC 75
spastic paresis 131
Staphylococcus hyicus 93

supernumerary teats 86
sweet clover poisoning 100
swine erysipelas 92

T

T-Chol 141
TGE 35
thiamine deficiency 66
tracheitis 11
transit tetany 56
transmissible gastroenteritis 35
traumatic reticulitis 23
Trichophyton verrucosum 89

U

umblilical hernia 136
urea poisoning 106
urinary tract obstruction 50
uriticaria 91
urolithiasis 50

V

vagal indigestion 26
ventricular septal defect 6
VFA 22
vitamin A deficiency 62
vitamin B_1 deficiency 66
vitamin D deficiency 64
vitamin E deficiency 65
vitamin K deficiency 66
volvulus 30
VSD 6
VTEC 31

W

warfarin poisoning 100
white muscle disease 65

Z

zinc deficiency 69

日本語索引（五十音順）

あ

アイゼンメンガー症候群　6
亜鉛欠乏症　69
亜急性蹄葉炎　119
アクチノバチルス症　21
アクチノマイコーシス　20
アスパラギン酸アミノトランス
　　　フェラーゼ　142
アデノウイルス性腸炎　32
アトレジア　136
アナプラズマ症　97
Apgar スコア　134
アミラーゼ　46
アミロイド症　61
アミロイドネフローゼ　48
アルカロイド中毒　101
アルコール不安定乳　84

い

胃潰瘍　34
萎縮性鼻炎　17, 18
Ⅰ型ケトーシス　58
遺伝的素因　1

う

牛ウイルス性下痢ウイルス感染
　　　症　28
牛ウイルス性下痢・粘膜病
　　　28
牛海綿状脳症　112
ウシジラミ　89
牛乳頭腫　90
牛の麻痺性筋色素尿症　128
牛のワラビ中毒　101
牛ハイエナ病　63
牛バエ幼虫症　90
牛白血病　99
うっ血性心不全　2
運動器疾患　116

え

栄養性筋ジストロフィー　65
AST 活性　143
壊死桿菌　43
N- アセチル - β -D- グルコサミ
　　　ダーゼ活性　76
NAGase 活性　76
エネルギー代謝検査　141

炎症　2
エンテロトキシン　36
エンテロトキセミア　29
エンドトキシン　22, 42
エンドトキシン血症　79, 120
エンドファイト中毒　104

お

黄色ブドウ球菌　77
オーエスキー病　17
オールイン・オールアウト
　　　18, 19, 37, 38

か

疥癬　89, 94, 93
回虫症　38
潰瘍性乳頭炎　86
化学物質中毒　105
拡張型心筋症　1
化膿性腎炎　47
カルシウム　141, 143
肝炎　42
肝機能検査　142
環境性乳房炎　79
環境性レンサ球菌　80
肝硬変　44
関節炎　125
関節疾患　124
肝線維症　44
感染性呼吸器疾患
　　　牛　10
　　　豚　17
感染性腸炎　27
感染防御機構　73
肝臓疾患　44
肝蛭症　44
乾乳期乳房炎　74
乾乳時治療　78
肝膿瘍　43
肝リピドーシス　42

き

気管炎
　　　牛　11
　　　豚　17
気管支炎
　　　牛　11
　　　豚　18
寄生虫性胃腸炎　39

寄生性皮膚炎　89
急性蹄葉炎　119
急性乳房炎　74, 77, 79
牛体回転整復法　25
休薬期間　146
胸腺低形成　139
胸膜炎　14
虚弱子牛症候群　139
去勢雄　50
筋疾患　128
金属異物　4, 24
筋断裂　129
筋肉の損傷　129

く

口疾患　20
グラステタニー　55
クリプトスポリジウム症　32
くる病　54
グレーザー病　18
クレブシエラ　79
くわず病　70

け

蛍光物質中毒　102
痙攣性不全麻痺　131
血液検査　141
血液生化学的所見　142, 143
血管疾患　5
血栓症　5
血中尿素窒素　141, 143,
　　　144
血糖　141 ～ 143
血乳症　84
ケトーシス　57
ケトン体　57
下痢症（子牛の一）　31
腱疾患　128
腱断裂　130

こ

コアグラーゼ陰性ブドウ球菌
　　　81
高温多湿　108
子牛下痢症　31
子牛赤痢　31
甲状腺腫　69
光線過敏症　91, 101
後大静脈血栓症　5

高タンパク血症　60
高張食塩液　77
口蹄疫　20，122
喉頭炎
　牛　10
　豚　17
酵母様真菌　81
呼吸動態　134
コクシジウム症
　牛　32
　羊・山羊　39
　豚　38
腰麻痺　114
鼓脹症　21
骨幹骨折　127
骨疾患　124
骨折　127
骨軟化症　54
コバルト欠乏症　70
子豚の貧血　136
コロナウイルス性腸炎　32
コンパートメント症候群　53

さ

臍　135
臍炎　136，137
細菌性血色素尿症　98
臍静脈炎　43，125
再生不良性貧血　95
臍ヘルニア　136
サイレージ　31
錯角化症　69
削蹄　117
削蹄法　118
殺鼠剤中毒　105
挫滅症候群　53
サルモネラ症　27
サルモネラ性腸炎　31
酸‐塩基平衡異常　31
産褥性血色素尿症　98
残留基準　146

し

CMT 変法　75
趾間壊死桿菌症　122
趾間過形成　123
趾間皮膚炎　122
趾間腐乱　122
趾間フレグモーネ　122
肢骨折　127
失血性貧血　96
肢蹄　116

趾皮膚炎　92，123
脂肪壊死症　29
脂肪肝　42
シュウ酸中毒　103
絨毛心　3
出荷制限期間　147
出血性腸症候群　28
受動免疫　135
腫瘍性血尿症　49，101
消化管内線虫
　羊・山羊　39
　豚　38
消化管内線虫症
　羊・山羊　39
　豚　38
消化器疾患
　牛　20
　羊・山羊　39
　豚　34
使用基準　146
使用規制制度　145
使用禁止期間　146
硝酸塩中毒　103
食餌性ケトーシス　58
食道梗塞　21
食道疾患　20
初乳　135，136
シラミ症　89
飼料性腸炎　30
飼料設計　141
飼料による中毒　103
腎盂腎炎　47
腎炎　47
甚急性乳房炎　73，79
神経型ケトーシス　58，109
神経疾患　128
神経症状　108
神経麻痺　131
心室中隔欠損　6
滲出性表皮炎　93
新生子　134，136
新生子黄疸　98
新生子仮死　138
心臓疾患　1
心内膜炎　2
腎不全　48
心房中隔欠損　7
蕁麻疹　91

す

スイートクローバー中毒　99
膵炎　46

水銀中毒　106
水腎症　48
水頭症　137
水様性下痢　35
スクリーニング検査（バルク乳
　の－）　78
スクレイピー　112，113
スス病　93
ストレス
　牛　12
　豚　18

せ

青酸中毒　103
成長板骨折　127
生理的貧血　136
セレン欠乏症　68
前胃疾患　21
センコウヒゼンダニ　93
潜在性蹄葉炎　119
潜在性乳房炎　74，77
前十字靱帯断裂　130
先天性心疾患　6
先天性中枢神経異常　113
先天性腸閉塞症・腸狭窄症
　136

そ

総ケトン体　43
総コレステロール　141，
　142，144
創傷性心膜炎　3
創傷性第二胃炎　23
創傷性第二胃横隔膜炎　23
藻類　82
続発性ケトーシス　58
蘇生　134

た

第一胃アシドーシス　22
第一胃炎　43
第一胃鼓脹症　21
第一胃錯角化症　23
第一胃食滞　22
第一胃切開術　22
第一胃パラケラトーシス　23
体細胞数　75
第三胃食滞　24
代謝プロファイルテスト　141
大腸菌　36，79
大腸菌症　36
大腸菌性腸炎　31

索　引

大脳皮質壊死症　67，109
胎便停滞　138
第四胃潰瘍　25
第四胃食滞　26
第四胃捻転　25
第四胃変位　24
タイレリア症　96
ダウナー牛症候群　52，53
脱臼　124
脱水　31
ダッチメソッド　118
タマネギ中毒　102
胆石症　45
胆道疾患　45
タンパク質代謝疾患　60

ち

チアミン欠乏症　66
中毒　101，105
腸管毒血症性大腸菌　36
腸結節虫症
　子羊　40
　豚　38
腸重責　30
腸捻転　30

て

低栄養性ケトーシス　58
蹄縁角皮　116
低カルシウム血症　109
蹄冠　116
蹄球びらん　122，123
蹄骨　117
低酸度二等乳　84
蹄疾患　119
蹄鞘　116
蹄真皮　117
低タンパク血症　60
蹄底潰瘍　121，123
蹄底出血　120
蹄壁　116
低マグネシウム血症　110
蹄葉炎　119
蹄浴　123，124
鉄欠乏症　67
鉄欠乏性貧血　95，99
デルマトフィルス症　90
電気伝導度　76
伝染性胃腸炎　35
伝染性血栓塞栓性髄膜脳炎
　　110
伝染性乳房炎　77

伝染性膿疱性皮膚炎　93
伝達性海綿状脳症　112

と

銅欠乏症　68
糖・脂質代謝疾患　57
動静脈吻合　117
動脈管開存　7
毒素原性大腸菌　31，36
特発性ケトーシス　58
突球　132
トリカブト中毒　101
トレポネーマ　92

な

鉛中毒　106

に

II型ケトーシス　58
苦味質中毒　102
日射病　108
二等乳症　84
ニパウイルス感染症　18
乳検情報　142
乳検成績　143
乳酸アシドーシス　120
乳脂肪率　143
乳汁中凝固物　75
乳汁培養　77
乳体細胞数　75
乳タンパク率　143
乳中尿素窒素　143
乳頭括約筋　72，73
乳頭括約筋損傷　85
乳頭管　72，73
乳頭管狭窄　85
乳頭口　72，73
乳頭疾患　85
乳頭状趾皮膚炎　123
乳頭損傷　85
乳熱　52
乳の産生　72
乳房　72
乳房炎　73，77，78，80〜
　　82
乳房中隔水腫　83
乳房浮腫　83
乳量　143
尿石症　50
尿素中毒　106
尿膜管開存　137
尿路疾患　50

尿路閉塞症　50
妊娠中毒（羊の−）　59

ね

熱射病　108
ネフローゼ症候群　60
捻挫　124

の

脳脊髄糸状虫症　114
農薬中毒　105

は

肺炎
　牛　12
　豚　18
肺気腫　16
肺梗塞　5
肺水腫　15
肺性心　4
肺虫症　13
白筋症　65，129
白線病　121
白帯病　121
跛行　117
跛行スコア　118
破傷風　111
母牛の栄養　139
パピローマウイルス　90
バベシア症　97
パラケラトーシス　69
パラコート中毒　105
パラポックスウイルス　93
バルク乳　76
　−のスクリーニング検査
　　78

ひ

肥育牛　43
非エステル化脂肪酸　43，
　　141〜143
鼻炎
　牛　10
　豚　17
非感染性呼吸器疾患　15
非感染性腸炎　28
鼻出血　15
ヒスタミン　120
非ステロイド性抗炎症薬　77
ヒストフィルス・ソムニ感染症
　　110
飛節周囲炎　126

索　引　161

ヒゼンダニ　89
ビタミン A　142，144
ビタミン A 過剰症　63
ビタミン A 欠乏症　62
ビタミン B₁ 欠乏症　66，109
ビタミン D 過剰症　64
ビタミン D 欠乏症　64
ビタミン E 欠乏症　65
ビタミン K 欠乏症　66
ビタミン代謝性疾患　62
ヒツジキュウセンヒゼンダニ
　　94
羊の妊娠中毒　59
皮膚糸状菌症　89
皮膚疾患
　牛　89
　羊　93
　豚　92
　山羊　93
肥満　42
肥満牛症候群　42，60
日和見感染症　18
微量元素欠乏症　67
ビリルビン　42
頻回搾乳　77
貧血　95，96，98，99
　子豚の－　136

ふ

ファロー四徴症　8
フィードロット　67
フェスクフット　104
副乳頭　86
浮腫病　36，37，139
豚インフルエンザ　17，18
豚胸膜肺炎　18
豚サーコウイルス感染症　139
豚サイトメガロウイルス感染症
　　17
豚赤痢　37
豚丹毒　92
豚パスツレラ症　18
豚繁殖・呼吸障害症候群　18
豚マイコプラズマ肺炎　18
豚流行性下痢　35
フットロット　122
プリオン　112

フルステンベルグのロゼット
　　72
プロトセカ　82
糞線虫症（豚）　39
糞便スコア　142

へ

β - ヒドロキシ酪酸　59，141，
　　142，144
ヘコヘコ病　18
ヘモフィルス症　110
ヘモプラズマ病　97
ベロ毒素　36
ベロ毒素産生性大腸菌　31
鞭虫症　39
便秘　26

ほ

膀胱炎　49
膀胱疾患　49
放線菌症　20
ポジティブリスト制度　146
ホソジラミ　89
ボディコンデションスコア
　　142，143
母乳性腸炎　32
ボルナ病　112
ポンプ機能　117

ま

マイコトキシン　28，42
マイコトキシン中毒　30，104
マイコプラズマ　78，97
麻痺性筋色素尿症（牛の－）
　　128
マルベリー心臓病　66
マンガン欠乏症　70
慢性蹄葉炎　119
慢性乳房炎　74

み

未経産乳房炎　74
ミネラル代謝性疾患　52

め

迷走神経性消化不良　26

も

盲腸拡張症　29
木舌　21
モリブテン中毒　106

や

薬剤感受性試験　76
薬物療法　145
夜盲症　62

ゆ

有機塩素剤中毒　105
有機リン酸中毒　105
疣贅物　2
有毒植物中毒　101
遊離脂肪酸　43，141～143
ユズリハ中毒　101
輸送テタニー　56
指状糸状虫　114

よ

溶血性貧血　95
要指示薬制度　145
要診療医薬品制度　145
ヨウ素欠乏症　69
ヨーネ病　27

ら

ラクトフェリン　73

り

リステリア症　111
リニアスコア　76
リパーゼ　46

れ

レプトスピラ症　49

ろ

ローリング法　25
ロタウイルス性腸炎　32

わ

矮小体型　139
ワラビ中毒　49，101
ワルファリン中毒　100

コアカリ 産業動物臨床学　　　　　　　　定価（本体 3,800 円＋税）

2016 年 11 月 25 日　初版 第 1 刷発行　　　　　　　　　　　　＜検印省略＞
2024 年 7 月 1 日　初版 第 2 刷発行

編　集　　コアカリ獣医内科学（産業動物臨床学）
　　　　　編集委員会
発行者　　福　　　　　毅
印刷・製本　株 式 会 社 平 河 工 業 社
発　行　　文 永 堂 出 版 株 式 会 社
　　　　　〒 113-0033　東京都文京区本郷 2 丁目 27 番 18 号
　　　　　TEL 03-3814-3321　FAX 03-3814-9407
　　　　　URL https://buneido-shuppan.com

ⓒ 2016　コアカリ獣医内科学編集委員会

ISBN　978-4-8300-3262-2 C3061